职业教育计算机应用技术专业系列教材

HTML 5 应用开发案例教程

主　编　吴英宾　王琰琰

副主编　郑桂昌　白伟杰　陈　婧　岳家辉

参　编　李秋敬　王秀玲　束华娜　马　洁
　　　　范国渠　陈春华

机械工业出版社

HTML 5 技术从根本上改变了开发 Web 应用的方式，从桌面浏览器到移动应用，这种语言和标准都正在影响并将继续影响着各种操作平台。本书从初学者的角度，以形象的比喻、实用的案例、通俗易懂的语言详细介绍了使用 HTML 5 进行本地 Web 应用和移动 App 构建的各方面内容和技巧。

本书共 10 章，其中第 1 ～ 4 章主要介绍了 HTML 5 简介、HTML 5 的文档结构元素、HTML 5 基本页面元素和表单元素。第 5 ～ 9 章主要讲解了 CSS3 高级应用、浮动与定位、HTML 5 canvas、本地存储与离线应用、HTML 5 高级特性。第 10 章为项目实战，带领读者开发一个七彩气象 App 的页面。

本书附有配套的源代码、习题、教学课件、教学大纲、教学辅助案例等资源。

本书适合作为普通高等院校、高等职业院校相关专业 Web 前端技术、Web App 开发课程的教材，也可以作为 HTML 5 开发的培训教材，还可以作为网页制作、网页编程等行业人员的参考读物。

图书在版编目（CIP）数据

HTML 5应用开发案例教程/吴英宾，王琰琰主编.
—北京：机械工业出版社，2020.10
职业教育计算机应用技术专业系列教材
ISBN 978-7-111-66779-7

Ⅰ. ①H… Ⅱ. ①吴… ②王… Ⅲ. ①超文本标记语言
—程序设计—职业教育—教材 Ⅳ. ①TP312.8

中国版本图书馆CIP数据核字（2020）第197646号

机械工业出版社（北京市百万庄大街22号 邮政编码100037）
策划编辑：梁 伟 赵志鹏　　责任编辑：赵志鹏 徐梦然
责任校对：李 杉　　封面设计：马精明
责任印制：常天培
北京虎彩文化传播有限公司印刷
2021年1月第1版第1次印刷
184mm×260mm · 12.75印张 · 265千字
0 001—1 900册
标准书号：ISBN 978-7-111-66779-7
定价：39.80元

电话服务
客服电话：010-88361066
010-88379833
010-68326294
封底无防伪标均为盗版

网络服务
机 工 官 网：www.cmpbook.com
机 工 官 博：weibo.com/cmp1952
金 书 网：www.golden-book.com
机工教育服务网：www.cmpedu.com

PREFACE 前 言

本书主要培养读者使用HTML 5技术进行轻量级Web应用开发和移动应用开发的能力，使初学者可以掌握HTML 5技术标准和特性，能够运用HTML 5、CSS3和JavaScript构建Web前端轻应用，利用HTML本地存储、canvas等新标记进行跨终端移动应用开发，具备Web前端工程师和HTML 5 App开发的技术能力，成为一个熟练的轻量级Web开发者。

本书对每个知识点都进行了深入地分析，并针对每个知识点精心设计了相关案例，然后模拟这些知识点在实际工作中的运用，真正做到了知识的由浅入深，由易到难，将一些非常复杂、难以理解的思想和问题简单化，让初学者能够轻松理解并快速掌握。

本书共分为10章，分别介绍了HTML 5简介、HTML 5的文档结构元素、HTML 5基本页面元素、表单元素、CSS3高级应用、浮动与定位、HTML 5 canvas、本地存储与离线应用、HTML 5高级特性和项目实战。

本书附有配套的源代码、习题、教学辅助案例等资源。

本书由聊城职业技术学院吴英宾、王琰琰任主编，郑桂昌、白伟杰、陈婧、岳家辉任副主编，参编人员有李秋敬、王秀玲、东华娜、岳家辉、马洁、范国渠、陈春华。

由于编者水平有限，书中难免有缺点和不妥之处，欢迎读者和同行批评指正。

编 者

CONTENTS 目录

CONTENTS 目录

CONTENTS 目录

第1章 HTML 5 简介

【学习目标】

- 了解HTML的发展历史。
- 了解HTML 5的新特性与优势。
- 掌握HTML 5开发环境的搭建。
- 开发第一个HTML 5网页。

随着移动互联网的迅速发展和普及，基于移动互联网的移动应用逐渐取代了传统的互联网应用，Web应用也逐渐由PC端转移到Web端，HTML 5的设计目的是为了在移动设备上支持多媒体。HTML 5新的语法特征和功能的引入正在改变用户与文档的交互方式。本章主要介绍HTML的发展历史、HTML 5的新特性与优势和开发环境的搭建，并开发第一个HTML 5网页。

1.1 HTML的发展历史

HTML英文全称为“Hyper Text Markup Language”，意为超级文本标记语言。超级文本标记语言是标准通用标记语言下的一个应用，也是一种规范和标准。超文本标记语言通过标记符号来标记要显示的网页中的各个部分。网页文件本身是一种文本文件，通过在文本文件中添加标记符，可以告诉浏览器如何显示其中的内容（如文字如何处理，画面如何安排，图片如何显示等）。

1.1.1 HTML的由来

万维网（WWW）上的一个超媒体文档被称为一个页面（Page）。作为一个组织或者个人在万维网上放置开始点的页面被称为主页（Homepage）或首页，主页中通常包括有指向其他相关页面或其他节点的指针（超级链接）。所谓超级链接，就是一种统一资源定位器（Uniform Resource Locator，URL）指针，通过激活（单击）它，可使浏览器方便地获取新的网页。这也是HTML获得广泛应用的最重要的原因之一。在逻辑上将视为一个整体的一系列页面的有机集合称为网站（Website或Site）。HTML是为“网页创建和其他可在网页浏览器中看到的信息”设计的一种标记语言。

1.1.2 HTML发展历程

HTML自从1989年首次应用于网页编辑后，便迅速崛起，成为网页编辑的主流语言。目前，几乎所有的网页都是由HTML或者以其他程序语言嵌套在HTML中编写的。1993年HTML发布以后，众多不同版本的HTML陆续在全球使用，始终未能形成一个广泛的、有相同标准的版本。所以，准确地说，HTML 1.0是不存在的（按照主流说法，该版本应该算初版）。

HTML从1.0到4.0再到HTML 5的最终定稿，见证了WEB时代逐渐演进的全过程。由单一的网页浏览的1.0时代到图文并茂的2.0时代，而后随着网络技术的发展和移动互联网的迅速普及，WEB已进入移动应用遍地开花的移动WEB时代，以下是HTML的发展历程。

- HTML 1.0——1993年6月作为因特网工程任务组（IETF）工作草案发布（并非标准）。
- HTML 2.0——1995年11月作为RFC 1866发布，在RFC 2854于2000年6月发布之后被宣布已经过时。
- HTML 3.2——1997年1月14日发布，万维网联盟（W3C）推荐标准。
- HTML 4.0——1997年12月18日发布，W3C推荐标准。

◆ HTML 4.01 —— 1999年12月24日发布，是在HTML 4.0基础上的微小改进，W3C推荐标准。

◆ HTML 5的第一份正式草案已于2008年1月22日公布，2014年10月29日完成最终定稿。

1.1.3 HTML语言特点

HTML制作网页不是很复杂，但其功能强大，支持不同数据格式的文件镶入，其主要特点如下：

◆ 简易性：HTML版本升级采用超集方式，从而更加灵活方便。

◆ 可扩展性：HTML的广泛应用带来了加强功能、增加标识符等要求，HTML采取子类元素的方式，为系统扩展带来保证。

◆ 平台无关性：HTML可以使用在广泛的平台上，这也是万维网盛行的一个原因。

◆ 通用性：HTML是网络的通用语言，一种简单、通用的全置标记语言。它允许网页制作人建立文本与图片相结合的复杂页面，这些页面可以被其他人浏览到，无论他使用的是什么类型的计算机或浏览器。

1.2 HTML 5的新特性与优势

移动互联网时代，HTML的早期版本的缺点日益凸显。例如，HTML过于简单，不能适应一些网络设备和应用的需要；HTML太庞大，浏览器需要足够智能和庞大才能够正确显示HTML；数据与表现混杂，代码格式不统一不利于应用开发等。在此背景下，HTML 5应运而生。

1.2.1 HTML 5的新特性

HTML 5的设计目的是为了在移动设备上支持多媒体。新的语法特征被引进以支持这一点，如<video>、<audio>和<canvas>标记。HTML 5还引进了新的功能，可以真正改变用户与文档的交互方式，提升用户体验。

HTML 5的新特性主要包括以下几个方面：

语义特性

HTML 5赋予网页更好的意义和结构。更加丰富的标签将随着对RDFa、微数据与微格式等方面的支持，构建对程序和用户都更有价值的数据驱动的网页。

本地存储特性

基于HTML 5开发的网页APP拥有更短的启动时间，更快的联网速度，这些全得益于HTML 5 AppCache，以及本地存储功能IndexedDB（HTML 5本地存储最重要的技术之一）和API说明文档。

设备兼容特性

从Geolocation功能的API文档公开以来，HTML 5为网页应用开发者们提供了更多功能上的优化选择，带来了更多体验功能的优势。HTML 5提供了前所未有的数据与应用接入开放接口，使外部应用可以直接与浏览器内部的数据相连，如视频可直接与传声器及摄像头相连。

连接特性

更有效的连接工作效率，使得基于页面的实时聊天、更快速的网页游戏体验、更优化的在线交流得到了实现。HTML 5拥有更有效的服务器推送技术，Server-Sent Events和WebSocket就是其中的两个特性，这两个特性能够帮助实现服务器将数据“推送”到客户端的功能。

网页多媒体特性

支持网页端的Audio、Video等多媒体功能，与网站自带的应用，摄像头，影音功能相得益彰。

三维、图形及特效特性

基于SVG、Canvas、WebGL及CSS3的3D功能，用户会惊叹于在浏览器中呈现的惊人视觉效果。

性能与集成特性

HTML 5会通过XMLHttpRequest2等技术，解决以前的跨域等问题，帮助网站在多样化的环境中更快速地工作。

CSS3 特性

在不牺牲性能和语义结构的前提下，CSS3中提供了更多的风格和更强的效果。此外，也提供了更高的灵活性和控制性。

1.2.2 HTML 5的优势

◆ 统一的技术标准

HTML 5本身是由W3C推荐出来的，受到了谷歌、苹果、中国移动等几百家公司的支持，每一个公开的标准都可以根据W3C的资料库找寻根源。另一方面，W3C通过的

HTML 5标准也就意味着每一个浏览器或每一个平台都会去实现。

◆ 支持多设备、跨平台

由于HTML 5对移动应用开发有非常好的支持，天生具备跨设备和跨平台的优势，利用HTML 5技术开发的移动应用程序可以同时在浏览器、IOS、Android等多种平台进行无差别运行，极大降低移动应用开发成本。

◆ 自适应网页设计

HTML 5遵循“一次设计，普遍适用”的原则，让同一个网页自动适应不同大小的屏幕，根据屏幕宽度，自动调整布局（layout）。HTML 5可以自动识别屏幕宽度、并做出相应调整的网页设计，解决了传统网站为不同的设备提供不同的网页的问题。避免了传统网站同时要维护好几个版本的问题。

◆ 用户体验的提升

HTML 5引入了大量的新标签，极大丰富了HTML网页对动画、音频、视频、日期处理等多媒体的支持，同时通过与CSS3的结合也提升了网页的设计效果和效率，用户体验提升明显。

1.3 HTML 5开发环境的搭建

HTML 5技术规范定稿后，市场出现了很多HTML 5开发工具，常见的有Dreamweaver、Animatron、GameMaker、Spring Initializr、Notepad++等，本书以Adobe Dreamweaver CS6作为HTML 5开发平台。Dreamweaver CS6是世界顶级软件公司Adobe推出的一套拥有可视化编辑界面，用于制作并编辑网站和移动应用程序的网页设计软件。由于它支持代码、拆分、设计、实时视图等多种方式来创作、编写和修改网页（通常是标准通用标记语言下的一个应用HTML），对于初级人员，可以无须编写任何代码就能快速创建Web页面。

Dreamweaver CS6的安装

◆ 下载Dreamweaver CS6软件。

◆ 安装Dreamweaver CS6，建议将软件安装到系统盘，更有利于软件的启动和运行，提升运行速度。

◆ 双击桌面上的Dw图标，进入软件界面，其主界面如图1-1所示。

操作界面主要由标题栏、菜单栏、文档窗口、插入栏、属性面板、浮动面板等构成，当然这些可以根据自己的需要来调节显示还是不显示，如图1-2所示。

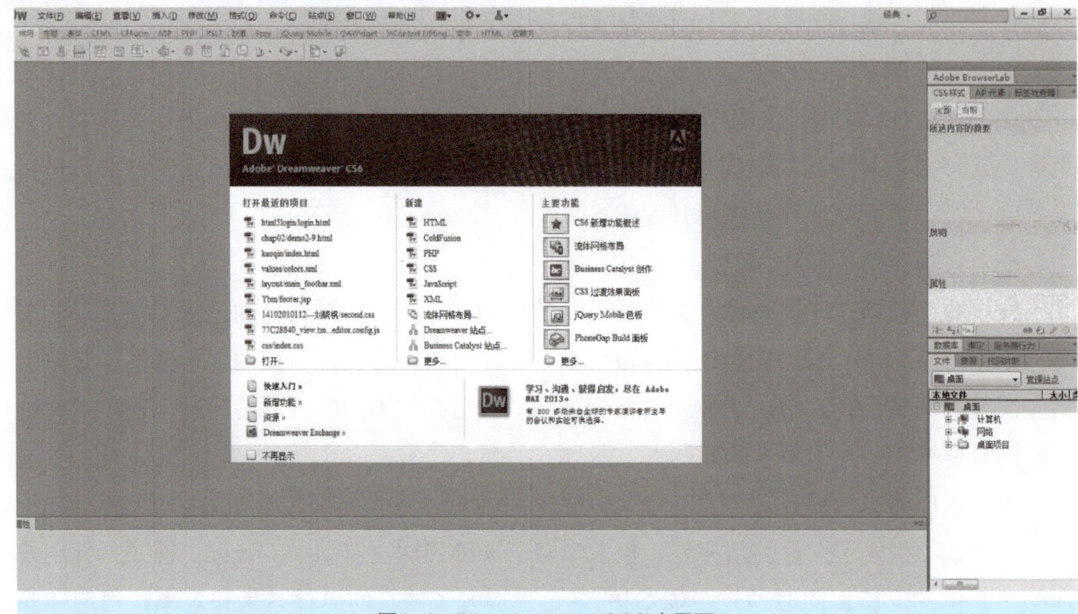

图1-1　Dreamweaver CS6 主界面

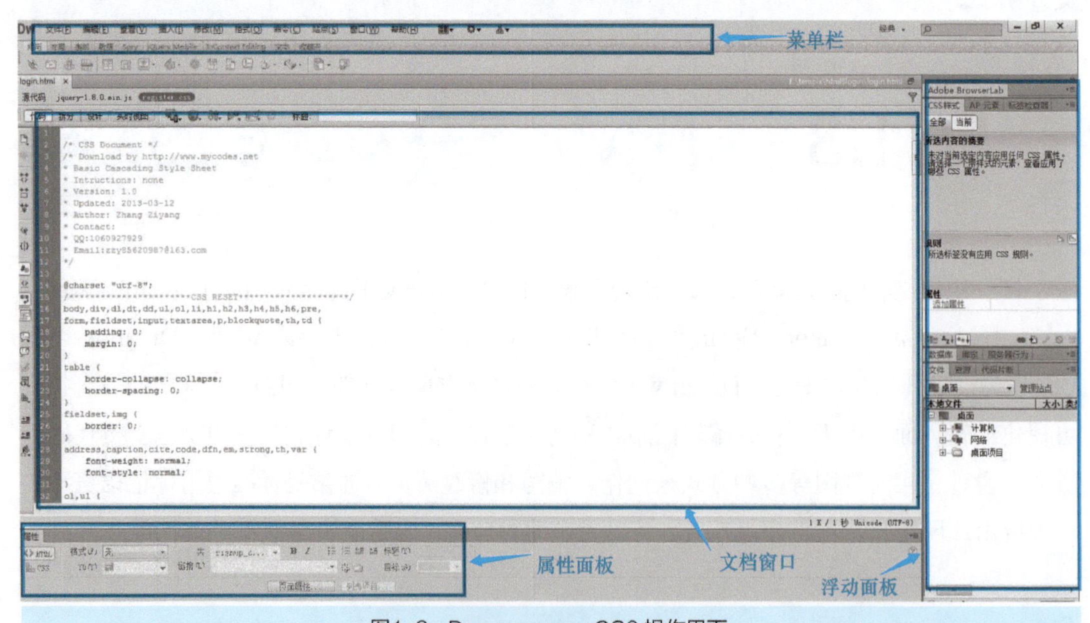

图1-2　Dreamweaver CS6 操作界面

菜单栏上的每个菜单选项（见图1-3）下面都有一个菜单，每一行的菜单命令都可以进行一些相关的命令执行或属性的设置。

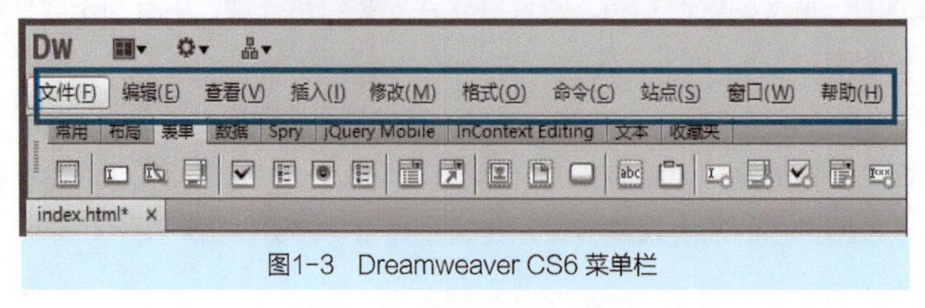

图1-3　Dreamweaver CS6 菜单栏

文档窗口里可以直接输入文字，输入的文字就是网页上的内容。文档窗口是Dreamweaver CS6的主要工作区域，如图1-4所示。

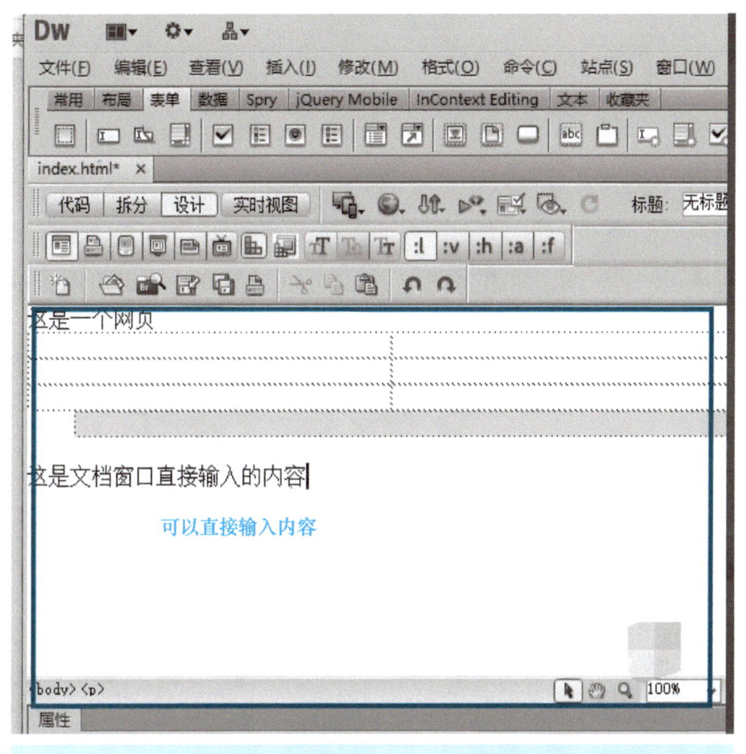

图1-4 Dreamweaver CS6 文档窗口

在文档窗口中单击“代码”进入代码编辑窗口，这里是进行HTML编码的主要工作区域，如图1-5所示。

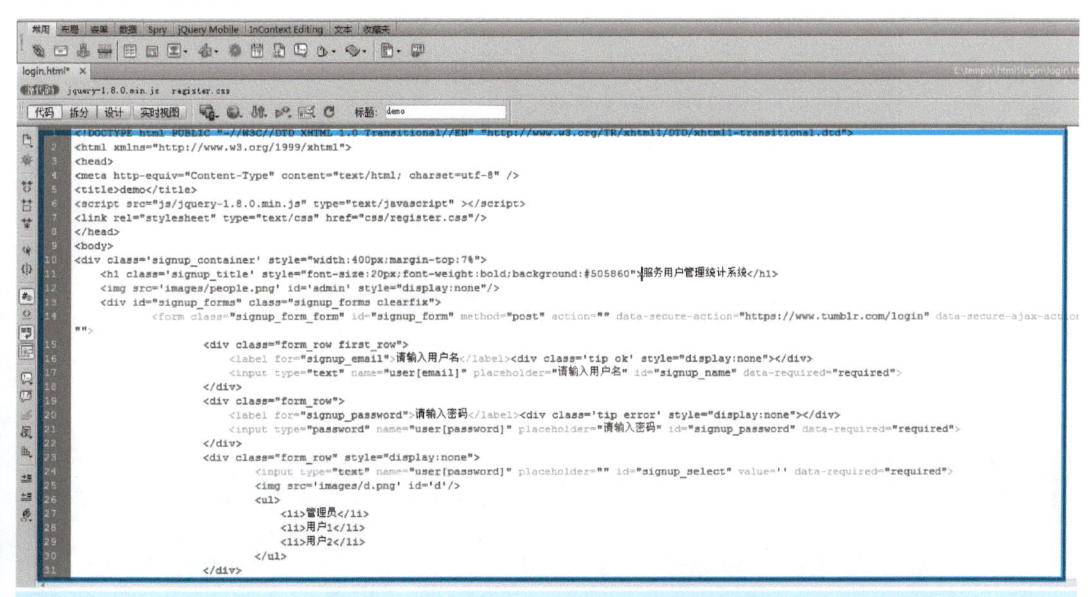

图1-5 Dreamweaver CS6 代码编辑窗口

属性面板的主要功能是显示当前选定的对象或者文本的属性，也可以在这里直接修改属性，如图1-6所示。

图1-6 Dreamweaver CS6 属性面板

浮动面板通常是一些功能近似的面板，它们可以是折叠状态也可以是展开状态，可以通过单击标签来展开或折叠它们，如图1-7所示。

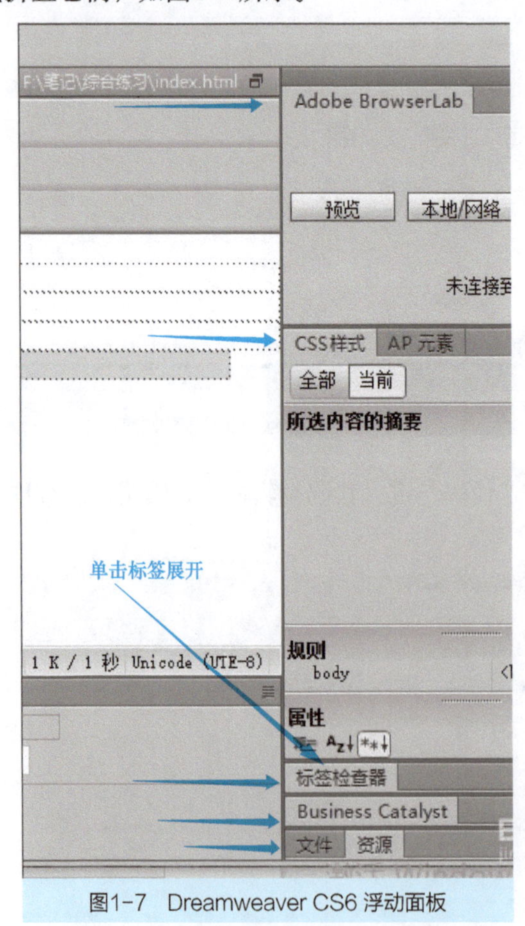

图1-7 Dreamweaver CS6 浮动面板

1.4 开发第一个HTML 5网页

下面我们利用Dreamweaver CS6开发第一个HTML 5页面，在这个页面中将利用

HTML 5新特性来展示HTML 5简单的语法和强大的功能，开发步骤如下。

1）打开Dreamweaver CS6，新建一个HTML 5页面，如图1-8所示。

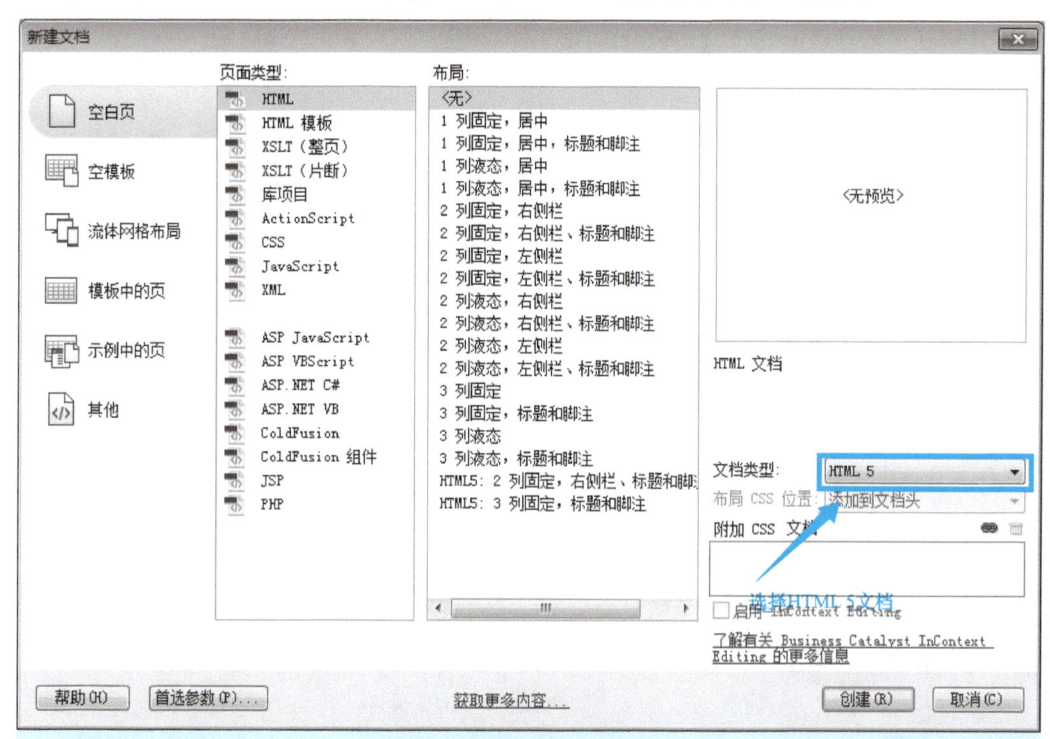

图1-8　新建HTML 5页面

2）打开文档区域，选择“代码”进入代码编辑窗口，如图1-9所示。

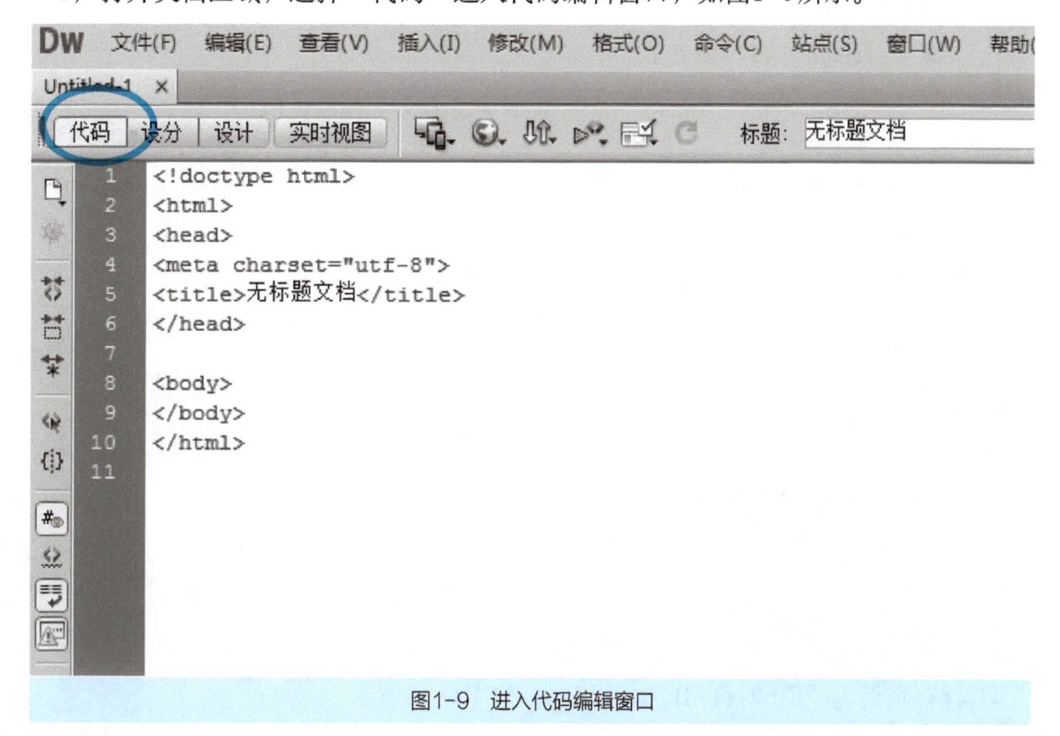

图1-9　进入代码编辑窗口

3）修改代码为如下内容。

```
<!-- 简化 DTD 定义 -->
<!DOCTYPE HTML>
<html>
<head>
<!-- 定义页面编码 -->
<meta charset="utf-8">
<!-- 定义自动适应屏幕 -->
<meta http-equiv="X-UA-Compatible" content="IE=edge,chrome=">
<title> 第一个 HTML 5 页面 </title>
</head>
<body>
<!--HTML 5 页面头部 -->
<header>
    <h1>Hello HTML 5</h1>
</header>
<!-- HTML 5 导航 -->
<nav>
  <ul>
     <li id="home">HTML 5</li>
     <li id="about">CSS3</li>
     <li id="contact">JavaScript</li>
  </ul>
</nav>
<!--HTML 5 原始支持视频 -->
<!-- 定义视频 -->
<video width="320" height="240" controls="controls">
  <source src="http://www.w3school.com.cn/i/movie.mp4" type="video/mp4">
</video>
<!-- HTML 尾部标签 -->
<footer>
    <p> 版权所有 ©HTML 5</p>
</footer>
</body>
</html>
```

4）保存页面为“FirstHTML 5.html”，如图1-10所示。

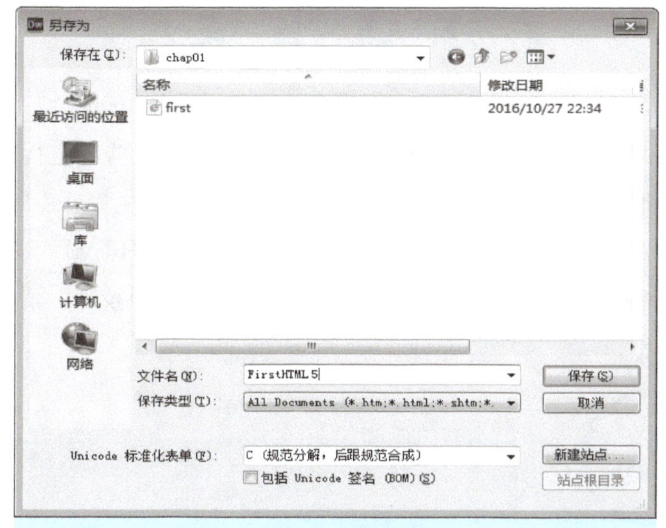

图1-10 保存文件

5）按<F12>快捷键或单击预览按钮，在浏览器中预览页面，如图1-11所示。

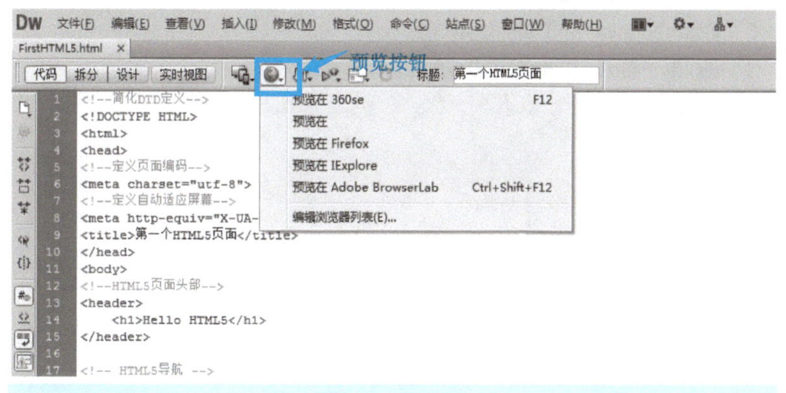

图1-11 预览页面

最终运行后的页面预览效果如图1-12所示。

图1-12 页面预览效果

本 章 小 结

本章对HTML的发展历程，HTML 5的由来、新特性与优势等进行了介绍，HTML 5是下一代Web的标准，在移动互联网和跨平台方面具备天生的优势。Adobe Dreamweaver CS6提供了对HTML 5开发的强大支持，是目前较为流行的HTML 5开发平台，本章对Dreamweaver CS6进行了详细介绍，关于该平台的更多的使用技巧，请读者自行参考官方的文档。

动手做一做

学习完本章内容，一起来练习一下吧。

搭建HTML 5开发环境，开发自己的第一个HTML 5网页。

1. 下载安装Dreamweaver CS6。
2. 熟悉Dreamweaver CS6的使用方法。
3. 制作属于自己的第一个HTML 5页面。

第2章 HTML 5的文档结构元素

【学习目标】

- 掌握HTML 5的文档基本结构。
- 掌握HTML 5的基本标记。
- 掌握HTML 5的图像标记。

HTML 5是新的HTML标准，是对HTML及XHTML的继承和发展，越来越多的网站开发者开始使用HTML 5构建网站。学习HTML 5首先需要了解HTML 5的语法基础，本章主要介绍HTML 5的文档基本结构、基本标记和图像标记。

2.1 HTML 5的文档基本结构

2.1.1 HTML 5文档的基本格式

学习制作HTML页面之前，要先掌握HTML的基本格式，使用Dreamweaver CS6新建HTML文档，新建文档会自带一些源代码，这些源代码就组成了HTML文档的基本格式，如demo2-1.html所示。

demo2-1.html

```
<!doctype html>
<html>
<head>
<meta charset="utf-8">
<title>无标题文档</title>
</head>
<body>
</body>
</html>
```

在HTML文档基本格式中从上到下依次包含了<! doctype>标记、<html>标记、<head>标记、<meta>标记、<title>标记和<body>标记，这些标记的含义和用法具体介绍如下。

1. <! doctype > 标记

<! doctype >标记位于HTML文档的最前面，用于声明文档类型是HTML，并告知浏览器使用的是哪种HTML或XHTML标准规范，HTML 5对文档类型进行了简化，简单到15个字符：<!doctype html>。

2. <html></html> 标记

<html>标记位于<!doctype>标记之后，称为HTML文档的根标记，<html>标记标志着HTML文档的开始，最末尾的</html>标记标志着HTML文档的结束，在<html>和</html>标记中间的是HTML文档的头部和主体部分。

3. <head></head> 标记

<head>标记紧跟在<html>标记之后，也称为头部标记，用于标记HTML文档的头部信息，在其中包含了<meta>标记、<link>标记、<style>标记和<title>标记等，用于描述文档的标题、作者以及和其他文档的关系等信息。在头部标记中，除了页面的标题，其他的信息都不会显示在页面中。一个HTML文档只有一对<head></head>标记。

4. <meta> 标记

<meta>标记用于定义页面的元信息，可重复出现在<head>头部标记中。这个元素用来提供关于文档的信息，起始结构有一个属性为：charset="utf8"，表示告诉浏览器页面采用的什么编码，一般来说使用utf8。当然，文件保存的时候也是utf8，而浏览器也设置utf8即可正确显示中文。<meta>标记本身不包含任何内容，通过“名称/值”的形式成对地使用其属性可定义页面的相关参数，基本语法如下。

```
<meta  name="名称" content="值" >
```

下面介绍<meta>标记的几种用法。

(1) <meta content="聊城职业技术学院" name="keywords" >

设置网页关键字，name属性的值“keywords”为关键字，content属性的值是定义关键字的内容。

(2) <meta content="聊城职业技术学院是一所专科层次的公办全日制普通高等学校，招生处咨询电话：0635–8334937" name="description" >

设置网页描述，name属性的值“description”为描述，content属性的值是定义网页描述的具体内容。

(3) <meta name="author" content="聊城职业技术学院" >

设置网页作者，name属性的值“author”为作者，content属性的值是作者的具体信息。

5. <title></title> 标记

<title>标记用于定义HTML页面的标题，即网页的标题，其基本语法格式如下：

```
<title>网页标题名称</title>
```

<title></title>之间的内容可以帮助用户更好地识别页面，预览网页时，设置的标题在浏览器的左上方标题栏中显示；在Windows任务栏中显示的也是这个标题，页面的标题只有一个，位于HTML文档的头部。

6. <body></body> 标记

<body>标记也称为主体标记，用于书写网页的内容信息，网页中的文字、图片、视频和音频等信息都必须位于<body>标记内，<body>标记中的信息才是最终展示给用户看的。

一个HTML文档只有一对<body></body>标记，位于<head></head>标记后，和<head></head>标记是并列关系。

2.1.2　HTML 5语法的变化

HTML 5与HTML 4相比，文档语法稍微有了些变化，主要有以下几点。

1）标签不再区分大小写。

2）允许属性值不用引号（建议应该继续使用引号，以防空格等容易引起混淆的属性值）。

3）允许部分属性值的属性省略（后续章节会详细讲解）。

```
<input checked type="checkbox" />
  <input readonly type="text" />
```

其中checked=“checked”省略为checked，而readonly=“readonly”省略为readonly。可省略属性值的属性有：checked，readonly，defer，ismap，nohref，noshade，nowrap，selected，disabled，multiple，noresize。

2.2 HTML 5的基本标记

2.2.1 HTML 5基本标记的分类

在HTML中，带有“<>”符号的元素都被称为HTML标记，上面提到的<html>、<head>、<body>等都是HTML标记。有的标记是一对的，如<head></head>标记；而有的是单独的，如<meta/>标记。为了方便学习和理解，将HTML标记分为双标记和单标记两大类，下面具体介绍。

1. 双标记

双标记是指由开始和结束两个标记组成的标记。其基本语法格式如下。

```
<标记名>内容</标记名>
```

该语法中，“<标记名>”标志着标记的开始，一般称为“开始标记”，“</标记名>”标志着标记的结束，一般称为“结束标记”。

2. 单标记

单标记是指用一个标记符号即可完整地描述某个功能的标记。其基本语法格式如下。

```
<标记名 />
```

例如，在文档中进行换行的标记
：

```
<br/>
```

2.2.2 HTML 5文本控制标记

在一个网页中，文字性的内容居多，为了让文字排版整齐，结构清晰，HTML提供了一系列的文本控制标记，比如标题标记<h1>…<h6>，段落标记<p>等，下面具体介绍这些标记。

1. 标题标记

网页中的文章都会有一个标题，HTML提供了6个等级的标题标记，分别为<h1>、<h2>、<h3>、<h4>、<h5>和<h6>。其基本语法格式如下。

```
<hn>标题文本</hn>
```

该语法中n的取值是从1到6，下面通过一段代码来说明标题标记的用法。

```
<h1>一级标题</h1>
<h2>二级标题</h2>
<h3>三级标题</h3>
<h4>四级标题</h4>
<h5>五级标题</h5>
<h6>六级标题</h6>
```

在上面的代码中，用<h1>…<h6>标记设置了6种标题，运行结果如图2-1所示。

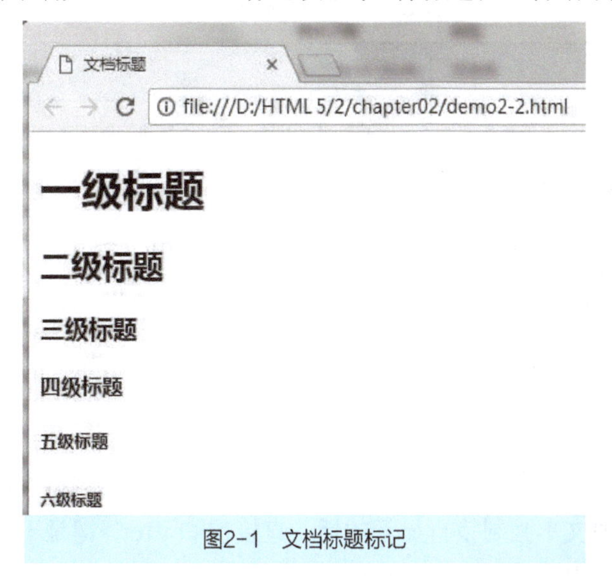

图2-1 文档标题标记

从图2-1可以看出，默认情况下标题文本左对齐，且从<h1>到<h6>，字号依次递减。标题文本的对齐方式有三种：左对齐（默认值）、居中对齐和右对齐，其基本语法格式如下：

```
<hn align="对齐方式">标题文本</hn>
```

举例如下：

```
<h2 align="center">二级标题</h2>
<h3>三级标题</h3>
<h4 align="right">四级标题</h4>
<h5>五级标题</h5>
<h6 align="center">六级标题</h6>
```

在上面的代码中，<h2>、<h6>标题居中显示，<h3>、<h5>标题左对齐，<h4>标题右对齐。

2. 段落标记

网页中的文章内容可以分为几个段落，段落的标记是<p>，其基本语法格式如下。

```
<p>段落内容</p>
```

通过使用<p>标记，每个段落都会单独显示，并且在段落之间有一定的间隔距离。

3. 水平线标记

在网页中常会看到用水平线将段落与段落之间隔开，这些水平线可以通过插入图片来实现，也可以通过水平线标记<hr/>来实现，<hr/>标记是一个单标记。其基本语法格式如下。

```
<hr/>
```

<hr/>标记也有一些常用属性，见表2-1。

表2-1　<hr/>标记的属性

属性名	含义	属性值
align	设置水平线的对齐方式	可选择left、right、center三种值，默认为center，居中对齐
size	设置水平线的粗细	以像素为单位，默认为2像素
color	设置水平线的颜色	可用颜色名称、十六进制#RGB、rgb(r,g,b)
width	设置水平线的宽度	可以是确定的像素值，也可以是浏览器窗口的百分比，默认为100%

可对<hr/>标记分别设置不同的对齐方式、粗细、颜色和宽度值。

4. 换行标记

在HTML中，一个段落中的文字从左到右依次排列，直到浏览器窗口的右端才会自动换行，如果希望某段文本强制换行显示的话，直接按<Enter>键是不起作用的，这就用到了换行标记
。其基本语法格式如下。

```
<br/>
```

2.2.3　特殊字符标记

在制作网页时，有时候会用到一些特殊字符，例如，网页最下方一般会有版权信息符号©，网页中的文章也会首行缩进2个字。在Word文档中，通常按空格键也能缩进2个字，但是在网页中，按空格键是实现不了缩进的，必须使用网页中的空格符。还有“>”“<”等符号，这些都是网页中的特殊字符，网页中常见的特殊字符见表2-2。

表 2-2 网页中常见的特殊字符

特殊字符	描 述	字符代码
	空格符	；
<	小于号	<；
>	大于号	>；
&	和号	&；
¥	人民币	¥；
©	版权	©；
®	注册商标	®；
°	摄氏度	°；

从表2-2中可以看出，特殊字符代码都是以“&”为前缀，字符名称为主体，最后由英文状态下的“；”为结尾。在网页中需要用到这些特殊字符时，直接输入字符代码即可。下面以demo2-2.html为例来说明特殊字符的用法。

demo2-2.html

```
<!doctype html>
<html>
<head>
<meta charset="utf-8">
<title>特殊字符标记</title>
</head>
<body>
<p>    空格键使段落首行缩进2个字符（不起任何作用）</p>
<p> ； ； ； ；使用空格符段落首行缩进2个字符</p>
<p>版权所有&copy；聊城职业技术学院信息学院</p>
</body>
</html>
```

运行效果如图2-2所示。

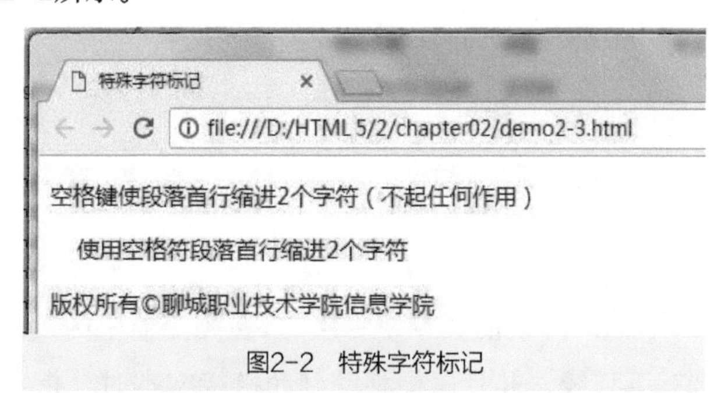

图2-2 特殊字符标记

在使用空格符时，需要注意的是，不同浏览器对空格符的解析是不一样的，所以在不同的浏览器中显示效果不一样。

2.2.4 超链接标记和注释标记

1. 超链接标记

HTML中文名称为“超文本标记语言”，这里的“超”字代表的就是网页中的超链接。一个网站通常由多个网页组成，要从一个页面跳转到另一个页面，就需要添加超链接。超链接的基本语法格式如下。

```
<a href="跳转目标" target="目标窗口的弹出方式">文本或图像</a>
```

在上面的语法中，<a>标记用于定义超链接，但其后面必须有href属性，用于指定链接目标的地址，当<a>标记有了href属性，它才具有了超链接的功能，否则是无法实现跳转功能的，target属性用于定义链接页面打开的方式，其取值有_self（默认值，在原窗口打开）和_blank（在新窗口打开）两种，下面以demo2-3.html为例来说明<a>标记的用法。

demo2-3. html

```
<!doctype html>
<html>
<head>
<meta charset="utf-8">
<title>超链接标记</title>
</head>
<body>
<p><a href="http://www.baidu.com" target="_self">百度</a>在原窗口打开页面</p>
<p><a href="http://www.baidu.com" target="_blank">百度</a>在新窗口打开页面</p>
</body>
</html>
```

在上述案例中创建了两个超链接，两个超链接的目标都是百度，第一个通过target属性定义在原窗口打开，第二个通过target属性定义在新窗口打开，运行效果如图2-3所示。

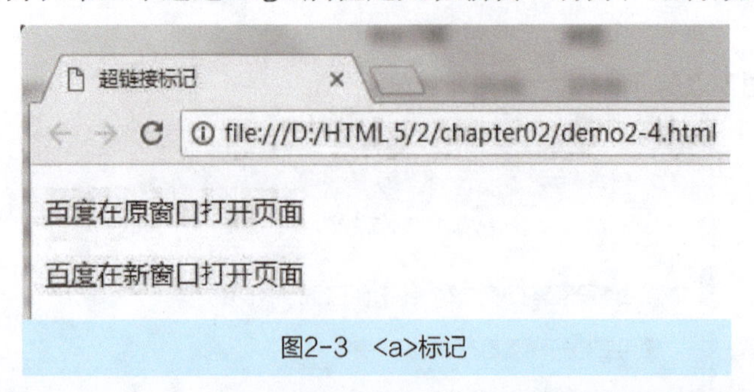

图2-3 <a>标记

被超链接标记<a></a>环绕的文本“百度”，在浏览器中的效果如图2-3所示，文字颜色变为蓝色，带有下划线，并且鼠标移动到超链接文本时，指针变为“👆”。单击超链接文本“百度”，第一个会在原窗口打开，第二个会在新的窗口打开，分别如图2-4和图2-5所示。

图2-4　在原窗口打开百度

图2-5　在新窗口打开百度

超链接标记<a>不仅对文本可以设置，对图像、音频和视频等都可以设置。

2. 注释标记

在HTML中有一种特殊的标记称为注释标记，其基本格式如下：

```
<!--注释语句-->
```

注释内容不会显示在浏览器窗口中，但是作为HTML文档的一部分，也会被下载到计算机上，所以在查看网页源代码时，也会看到注释的内容。通常可以在代码后面添加注释，来对代码的作用进行解释说明。

```
<!--这是一个段落，这是注释内容，不会在浏览器中显示-->
<p>段落文本</p>
```

上面的代码运行后，浏览器中只会显示“段落文本”，注释文字不会显示。

3. div标记

div标记是一个容器标记，它是一个块元素，可以将网页分隔成几个部分，<div>和</div>之间相当于一个容器，可以容纳超段落、标题、超链接等各种网页元素，大多数

HTML标记都可以嵌套在div标记中，div标记还可以嵌套div。其基本语法格式如下。

```
<div>用div标记设置的文本</div>
```

单纯的div标记没有任何意义，div标记一般结合CSS样式使用。

2.2.5 文本格式化标记

在网页中，有时需要给文本设置加粗、斜体或下划线效果。和Word文档相对应，HTML也有文本格式化标记，常用的文本格式化标记见表2-3。

表2-3 文本格式化标记

标　记	显示效果
<b></b>和<strong></strong>	文字以粗体方式显示（b定义文本粗体，strong定义强调文本）
<i></i>和<em></em>	文字以斜体方式显示（i定义斜体字，em定义强调文本）
<s></s>和<del></del>	文字以加删除线方式显示
<u></u>和<ins></ins>	文字以加下划线方式显示

2.3 HTML 5的图像标记

在浏览网页时，通常会注意到网页中的各种图像，网页中的图像往往更能吸引人们的眼球，下面介绍网页中常用的几种图像格式，以及如何在网页中插入图像。

2.3.1 常用网页图像格式

网页中的图像太大的话，会导致网页加载速度缓慢，太小的话影响图片的质量，那么什么情况下该用什么样的图片呢？下面具体介绍几种常用的网页图像格式，以及它们的具体应用方法。

1．JPEG

JPEG格式是常见的一种图像格式，JPEG文件的扩展名为.jpg或.jpeg，JPEG可以保存超过256种颜色的图像，是一种有损压缩的图像格式，压缩比越高图像质量损失越大，图像文件也就越小。目前各类浏览器均支持JPEG这种图像格式，网页制作过程中类似于照片的图像如横幅广告（banner）、商品图片等都可以使用JPEG的图像格式。

2. GIF

GIF格式是一种支持动画的图像格式，在网上看到的大部分动图都是GIF格式，GIF格式支持背景透明，支持动画，支持图像渐进，支持无损压缩，但是GIF只能处理256种颜色，最适合在图片颜色总数少于256色时使用。GIF格式的文件体积小，而且清晰度非常高。常用于小图标及其他色彩相对单一的图像。

3. PNG

PNG格式是一种网络图像格式，PNG结合了GIF及JPEG的优点，PNG包括PNG-8和真色彩PNG（PNG-24和PNG-32）。相对于GIF，PNG最大的优势是体积更小，支持alpha透明（全透明，半透明，全不透明），并且颜色过渡更平滑，但PNG不支持动画。

2.3.2 图像标记和属性

在网页中插入图像，使用到的就是图像标记<img/>，它是一个单标记，和属性配合使用来设置图像，其基本语法格式如下：

```
<img src="图像URL" />
```

在语法中src属性用于指定图像文件的路径和文件名，它是img标记的必需属性。除此之外，img标记还有很多其他的属性。

1. alt 属性

alt属性用于在图像无法显示时告诉用户该图片的内容，在网上由于一些原因可能图片无法显示，如网速慢、浏览器版本低等，因此给图片加上alt属性，让人们更容易了解图片的信息。

2. title 属性

title属性设置的文本内容为鼠标悬停在图片上时显示的内容。

3. width 和 height 属性

通常情况下，插入的图片不设置宽度和高度，就会按照图片的原始尺寸显示，也可以通过设置宽度和高度，来改变图片的大小，但是一般只设置其中一个，另一个按原图等比例显示，这样图片不会失真。如果两个属性都设置的话，其比例和原图比例不一致，则显示的图像就会变形或失真。

2.3.3 图像的相对路径和绝对路径

网页中会插入很多图像，为了方便查找图像，通常新建一个文件夹专门用于存放图像文件，图像存放的位置不同，导致图像的路径也不一样，下面对图像的路径进行举例说明，如demo2-4.html所示。

如图2-6所示，图像banner.png在images文件夹中。运行案例demo2-4.html，效果如图2-7所示。

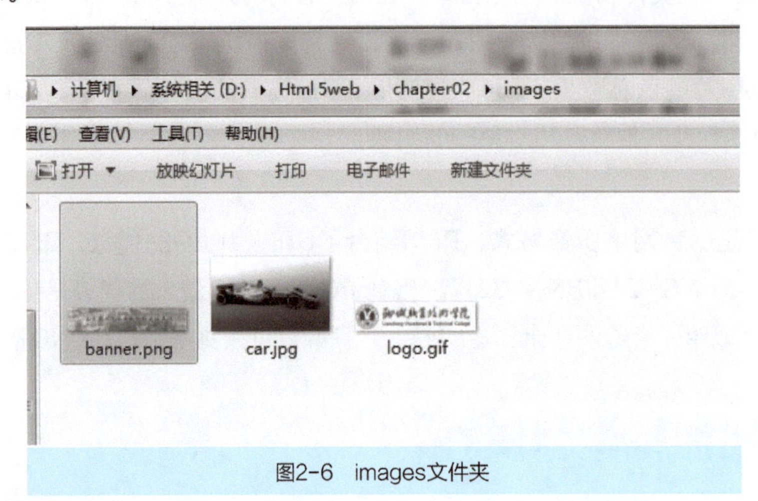

图2-6　images文件夹

demo2-4.html

```
<!doctype html>
<html>
<head>
<meta charset="utf-8">
<title>图像标记</title>
</head>
<body>
<img src="images/banner.png" alt="聊城职业技术学院" title="聊城职业技术学院" 
align="left"/>
聊城职业技术学院是首批“山东省示范性高职院校”和“山东省技能型人才培养特色名校”，是教育部首批22家“国家职业院校文化素质教育基地”建设单位，是山东省职业教育学会德育工作委员会主任单位，是聊城市政府建设聊城现代职业教育体系的龙头单位。
</body>
</html>
```

图2-7　图像路径

图像显示没有任何问题，现将图像从imgaes文件夹中移出，再次运行demo2-4.html，效果如图2-8所示。

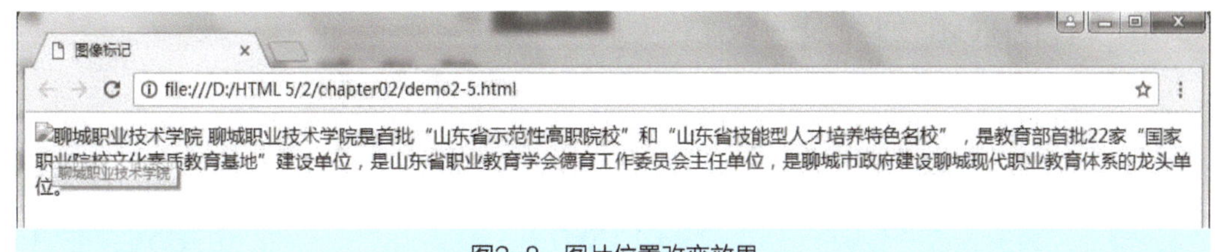

图2-8　图片位置改变效果

图片没有正常显示，这就是因为图像改变了路径，这时就需要通过设置图像的路径来帮助浏览器找到图像文件。网页中图像的路径通常分为两种：

1．绝对路径

绝对路径一般是指带有盘符的路径，如“F|/网页制作教程编写/案例/banner.png”，或完整的网络地址“http://www.lctvu.sd.cn/images/ds.jpg”，使用绝对路径插入图像的代码如下：

```
<img src="file:///F|/banner.png" />
```

网页中不推荐使用绝对路径，因为制作的网站最后要传到互联网服务器上，这时图像文件可能在服务器的C盘、D盘或者E盘，也可能在某个文件夹中，也就是说，很有可能不存在“file:///F|/banner.png”这样一个路径，那么图像的显示就会出问题。

2．相对路径

相对路径不带有盘符，相对路径的设置主要分为以下3种：

1）图像文件和HTML文件位于同一文件夹：只需输入图像文件的名称即可，如<img src="banner.png"/>。

2）图像文件位于HTML文件的下一级文件夹：输入文件夹名和文件名，之间用“/”隔开，如<img src="images/banner.png"/>。

3）图像文件位于HTML文件的上一级文件夹：在文件名之前加入“../”，如果是上两级，则需要使用“../ ../”，以此类推，如<img src="../banner.png" />。

HTML文件和banner.png图像文件在同一个文件夹中，如图2-9所示。

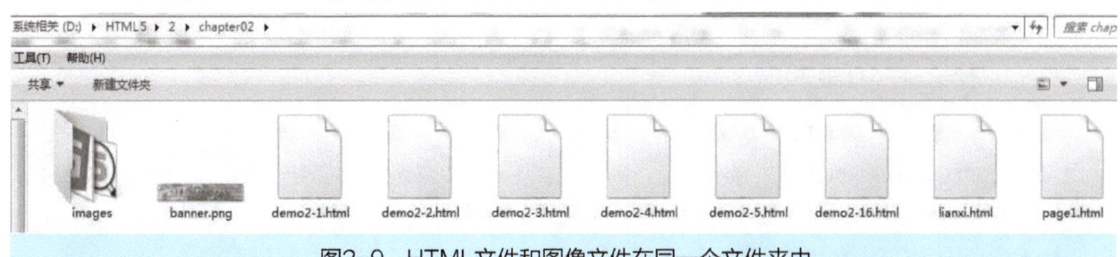

图2-9　HTML文件和图像文件在同一个文件夹中

图像文件在HTML文件的下一级文件夹images中，如图2-10所示。

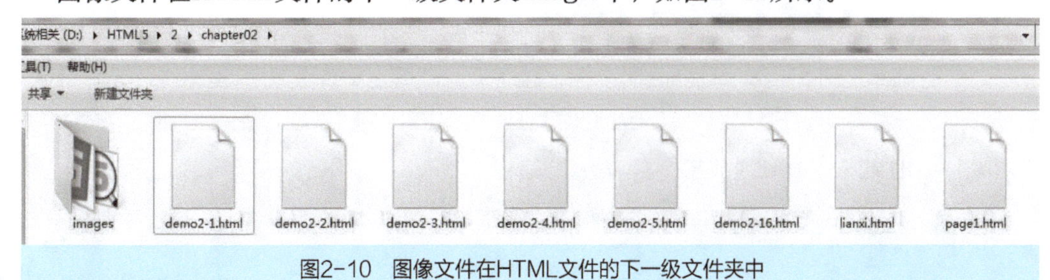

图2-10　图像文件在HTML文件的下一级文件夹中

图像文件在HTML文件的上一级文件夹中，如图2-11所示。

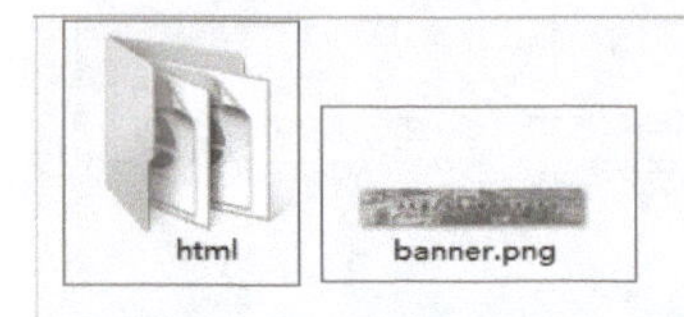

图2-11　图像文件在HTML文件的上一级文件夹

2.4　案例——制作图文混排页面

前面几节重点介绍了HTML文档的基本格式和HTML标记的使用，下面将以一个网页中常见的图文混排页面的制作来让大家更好地认识HTML基本标记。

1．分析效果图

图文混排页面效果图分别如图2-12和图2-13所示。

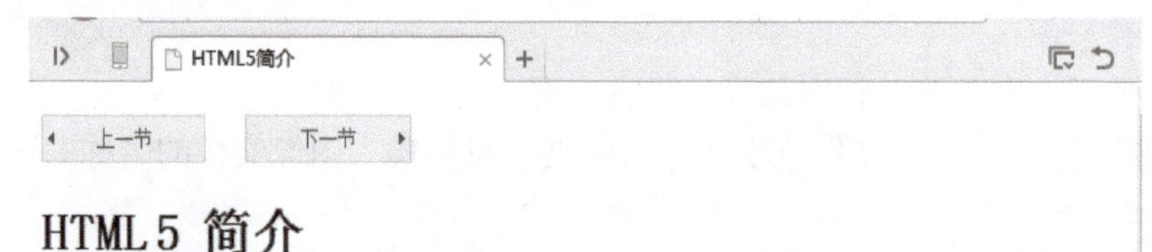

图2-12　图文混排页面效果图1

图2-13　图文混排页面效果图2

根据效果图可以看出，一共有两个页面，每个页面上有两个链接的图标，“上一节”和“下一节”，通过图2–12的“下一节”可以打开图2–13页面，通过图2–13页面的“上一节”可以打开图2–12页面。

实现页面制作，首先要对效果图的结构和布局进行分析，效果图中既有文本也有图像，且图像在左、文字在右，也有文字在左、图像在右的情况，且文字上方有标题和水平线。通过上面的分析可以看到，在页面中要用<img/>标记和align属性插入图像设置对齐方式（后面学习CSS后，algin属性最好不用），用<h2>标记和<p>标记设置标题和段落，用<strong>标记进行加粗，要实现<a>等标记的输出时候，“<”和“>”不要直接输出，要用转义字符“<”和”>”控制输出。

2. 制作页面结构

根据效果图的分析，先利用HTML标记简单实现页面的结构。首先来制作第一个页面，第一个页面的参考代码如demo2-5.html所示。

demo2-5.html

```
<!doctype html>
<html>
<head>
<meta charset="utf-8">
<title>HTML5简介</title>
</head>
<body>
<p><img src="images/up.png">   <img src="images/down.png">
</p>
<h1>HTML5 <span >简介</span></h1>
<img src="images/html5.gif">
<p>HTML5是HTML最新的修订版本，2014年10月由万维网联盟（W3C）完成标准制定。</p>
<p>HTML5的设计目的是为了在移动设备上支持多媒体。</p>
<p>HTML5 简单易学。</p>
<br/>
<br/>
<hr>
<h2>什么是 HTML5?</h2>
<p>HTML5 是下一代 HTML 标准。</p>
<p>HTML ， HTML 4.01的上一个版本诞生于 1999 年。自从那以后，Web 世界已经经历了巨
变。</p>
<p>HTML5 仍处于完善之中。然而，大部分现代浏览器已经具备了某些 HTML5 支持。</p>
<hr><h2>HTML5 是如何起步的？</h2>
<p>HTML5 是 W3C 与 WHATWG 合作的结果,WHATWG 指 Web Hypertext Application
Technology Working Group。</p>
<p>WHATWG 致力于 web 表单和应用程序，而 W3C 专注于 XHTML 2.0。在 2006 年，双
方决定进行合作，来创建一个新版本的 HTML。</p>
<hr>
<h2> HTML5 &lt;!doctype&gt;</h2>
<p> &lt;!doctype&gt; 声明必须位于 HTML5 文档中的第一行,使用非常简单。</p>
</body>
</html>
```

先通过<img />标记插入图像，然后通过<h2>和<p>标记分别定义标题和段落文本。运行案例，效果如图2-14所示。

◂ 上一节　　下一节 ▸

HTML 5 简介

HTML 5是HTML最新的修订版本，2014年10月由万维网联盟（W3C）完成标准制定。

HTML 5的设计目的是为了在移动设备上支持多媒体。

HTML 5 简单易学。

什么是 HTML 5?

HTML 5 是下一代 HTML 标准。

HTML ，HTML 4.01的上一个版本诞生于 1999 年。自从那以后，Web 世界已经经历了巨变。

HTML 5 仍处于完善之中。然而，大部分现代浏览器已经具备了某些 HTML 5 支持。

图2-14　基础标签

3．控制文本

如图2-14所示，图像和文本呈上下结构，而要实现的效果是图片在左，文字在右。要想实现图片在左就要使用图像的对齐属性align。下面对图像进行设置，对第10行代码作如下更改：

```
<img src="images/html5.gif" alt="HTML" align="left" >
```

单击图片“下一节”是可以打开另一个页面的，所以对第8行代码作如下更改：

```
<p><a href="#"><img src="images/up.png"></a>   
<a href="demo2-6.html"><img src="images/down.png"></a></p>
```

还有一些文字是加粗显示的，对应加上<strong>标签，保存HTML文件，刷新网页就可以看到图2-12所示的效果了。

同样第二个页面也是这样来实现的，只不过第二个页面中图片是右对齐的，在单击“上一节”图片时可链接到第一个页面。第二个页面的参考代码如demo2-6.html所示。

demo2-6.html

```
<!doctype html>
<html>
<head>
<meta charset="utf-8">
<title>HTML 基础</title>
```

```
</head>
<body>
<p><a ref="demo2-5.html"><img src="images/up.png"></a>   
<a href="#"><img src="images/down.png"></a></p>
<h1>HTML 基础</h1>
<hr/>
<p>不要担心本章中您还没有学过的例子，</p>
<p>您将在下面的章节中学到它们。</p>
<hr/>
<h2>HTML 标题</h2><img src="images/html52.jpg" width="300" height="150"
align="right"/>
<p>HTML 标题（Heading）是通过<strong>&lt;h1&gt; - &lt;h6&gt;</strong> 标签来定
义的.
实例</p>
<h1>这是一个标题</h1>
<h2>这是一个标题</h2>
<h3>这是一个标题。</h3>
<hr/>
<h2>HTML 段落</h2>
<p>HTML 段落是通过标签<strong>&lt;p&gt;</strong>来定义的</p>
<p>这是一个段落。</p>
<p>这是另外一个段落。</p>
<hr/>
<h2>HTML链接</h2>
<p>HTML链接是通过标签<strong>&lt;a&gt;</strong>来定义的.</p>
<hr/>
<h2>HTML图像</h2>
<p>HTML图像是通过标签 <strong>&lt;img&gt;</strong> 来定义的.</p>
<p>实例</p>
</body>
</html>
```

在这个页面里，图片不光要设置它的对齐方式，因为图片源文件尺寸比较大，还要设置它的宽高，如代码第15行所示。

至此，通过使用HTML标记及其属性，实现了网页中常见的图文混排效果。

本章小结

本章首先介绍了HTML 5文档的基本格式和HTML 5语法的变化，然后讲解了HTML 5

文档中的基本标记及其属性，最后讲解了图像标记，以两个有关联的图文混排的页面来综合运用本章所介绍的标记。

学习完本章内容，一起来练习一下吧！

运用本章所学的知识，来实现图2-15所示的图文混排效果。

毕业季：选项更多出路更多 大学生想找啥工作？

2017-05-02 10:14:44 来源：人民日报(北京)

5月初，就业季已经过半。不少毕业生已经找到了工作，没找到的还在奔忙。

毕业生找工作的时候，什么是他们最关心的？找工作过程中他们又有哪些苦恼？面对选择他们如何取舍？需要什么帮助？ 我们在北京随机采访了一些应届高校毕业生，来听听他们站在人生十字路口的求职故事。

数据显示，今年高校毕业生预计达820万人，比去年多出25万，就业压力不小。但各种促就业政策、各地引才政策的出台，给稳定就业夯实了基础。本版联合本报中央厨房碰碰词儿工作室，推出系列报道，从大学生想找啥工作、企业需要啥样人、学校能帮什么忙、政策如何来助推等方面，关注并促进大学生就业。

毕业生找工作的时候，什么是他们最关心的？找工作过程中他们又有哪些苦恼？面对选择他们如何取舍？需要什么帮助？ 我们在北京随机采访了一些应届高校毕业生，来听听他们站在人生十字路口的求职故事。

需求

选项更多，出路更多

通过采访发现，以90后为主体的高校毕业生就业心态已经发生了变化，选项多了，出路也就多了。

北上广不再是必选项。“我原本愿望是留在北京，但是综合考虑户口、买房、子女上学等现实问题，最后选择了天津。”清华大学博士生任硕今说，“我女朋友现在也在北京工作，为了陪我，过段时间就调到天津分公司。”

北上广不再是必选项。“我原本愿望是留在北京，但是综合考虑户口、买房、子女上学等现实问题，最后选择了天津。”清华大学博士生任硕今说，“我女朋友现在也在北京工作，为了陪我，过段时间就调到天津分公司。”

希望留在一线城市的，对户口的要求也在降低。北京林业大学大四女生赵瑛琦说，“我比较随性，所以在找工作过程中，户口指标不重要，我可能在北京待几年，再去其他城市体验一下。”不少人表示，自己的将来有无数可能，不一定非被户口、城市“锚定”。

挑战

信息混杂，技能缺乏

信息不对称是高校毕业生在找工作中遇到的第一关。北京林业大学毕业生卫星杓说，“很多时候，我们因为错过招聘信息而错失理想职位。”

调查发现，错过招聘信息不是因为信息少，而是因为招聘信息鱼龙混杂，里面不乏虚假信息。郭金玲说，“我的经验是要辨别哪些企业确实有用人需求，关注企业的具体业务方向，有针对性地投简历更加高效。” 此外，就业歧视也是毕业生的一大烦恼，部分用人单位在招聘时仍存在一些隐性要求。

图2-15 动手练习图文混排

第3章　HTML 5 基本页面元素

【学习目标】

- 掌握列表元素的使用。
- 掌握结构元素的使用。
- 掌握页面交互元素的使用。
- 理解文本层次语义元素。
- 掌握多媒体元素的使用。

自1999年，HTML 4.01中的若干元素在HTML 5中已经被删除或重新定义。为了更好地顺应当今的互联网应用，HTML 5添加了很多新元素及功能。本章我们来学习HTML 5的基本元素和一些新增元素。

3.1 列表元素

网页看起来整齐美观，离不开列表。列表在网站设计中占有比较大的比重，是制作目录时必须掌握的技能。在HTML中，运用好列表可以使网页排版更加整齐有序。

3.1.1 无序列表

无序列表是网页中最常用的列表，之所以称为“无序列表”，是因为其各个列表项之间为并列关系，没有顺序级别之分。定义无序列表的基本语法格式如下：

```
<ul>
        <li>列表项1</li>
        <li>列表项2</li>
        <li>列表项3</li>    ......
</ul>
```

每对<ul></ul>中至少应包含一对<li></li>。

无序列表中type属性的常用值有三个，它们呈现的效果不同，具体见表3-1。

表 3-1 无序列表的常用 type 属性值

type属性值	显示效果
disc（默认值）	●
circle	○
square	■

注意

<li>与</li>之间相当于一个容器，可以容纳所有元素。但是<ul></ul>中只能嵌套<li></li>，直接在<ul></ul>标记中输入文字的做法是不被允许的。

3.1.2 有序列表

有序列表就是其各个列表项会按照一定的顺序排列的列表，例如，网页中常见的新闻排行榜、游戏排行榜等都可以通过有序列表来定义。定义有序列表的基本语法格式如下：

```
<ol>
    <li>列表项1</li>
```

```
    <li>列表项2</li>
    <li>列表项3</li>    ......
</ol>
```

在有序列表中，除了type属性之外，还可以为<ol>定义start属性、为<li>定义value属性，它们决定有序列表的项目符号，其取值和含义见表3-2。

表 3-2　有序列表的常用 type 属性值

属　性	属 性 值	描　述
type	1（默认）	项目符号显示为数字1、2、3…
	a或A	项目符号显示为英文字母a、b、c、d…或A、B、C…
	i或I	项目符号显示为罗马数字i、ii、iii…或I、II、III…
start	数字	规定项目符号的起始值
value	数字	规定项目符号的数字

3.1.3　定义列表

定义列表常用于对术语或名词进行解释和描述，其列表项前没有任何项目符号。

```
<dl>
 <dt>名词</dt>
 <dd>解释1</dd>
 <dd>解释2</dd>  ...
</dl>
```

上面这段代码由dl、dt、dd三个标签组成，这里可以把dl看作一个容器，就像一个箱子，箱子里放了dt与dd两个盒子，dd只对应解释它上面的一个dt，不能越级或是向下解释。当dt不存在的时候，dd也就没有存在的意义。

下面对其用法和效果做具体演示，如demo3-1.html所示。

demo3-1.html

```
<!doctype html>
<html>
<head>
<meta charset="utf-8">
<title>定义列表</title>
</head>
<body>
<dl> <dt>栈</dt>
        <dd>一种数据结构</dd>
        <dd>后进先出</dd>      </dl>
</body>
</html>
```

效果图如图3-1所示。

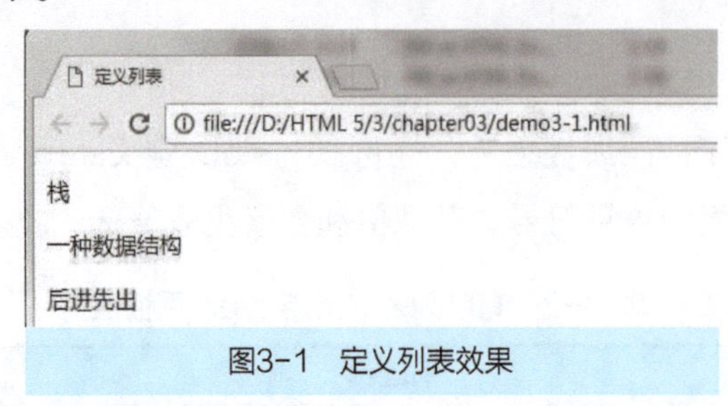

图3-1　定义列表效果

3.1.4　列表的嵌套应用

列表嵌套能将制作的网页页面分割为多层次，如同图书的目录，让人觉得有很强的层次感。有序列表和无序列表不仅能自身嵌套，而且也能互相嵌套。

下面通过一个案例对列表的嵌套进行演示，如demo3-2.html所示。

demo3-2.html

```
<!doctype html>
<html>
<head>
<meta charset="utf-8">
<title>列表的嵌套</title>
</head>
<body>
<h1>列表嵌套</h1>
<p>无序列表的嵌套</p>
<ul>    <li>宠物</li>
        <ul>   <li>猫</li>
               <li>狗</li>       </ul>
        <li>人类</li>
            <ul> <li>英国人</li>
                 <li>中国人</li>     </ul>
      <li>植物</li>
  </ul>
   <p>有序列表的嵌套</p>
    <ol>  <li>宠物</li>
          <ol>  <li>猫</li>
                <li>狗</li>      </ol>
        <li>人类</li>
        <ol>   <li>英国人</li>
               <li>中国人</li>         </ol>
```

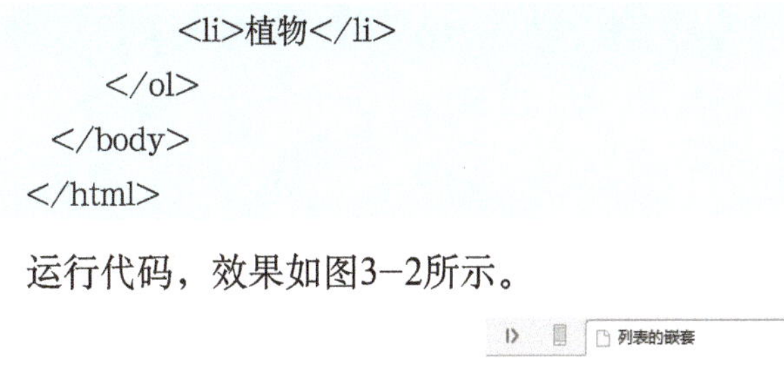

```
            <li>植物</li>
        </ol>
    </body>
</html>
```

运行代码，效果如图3-2所示。

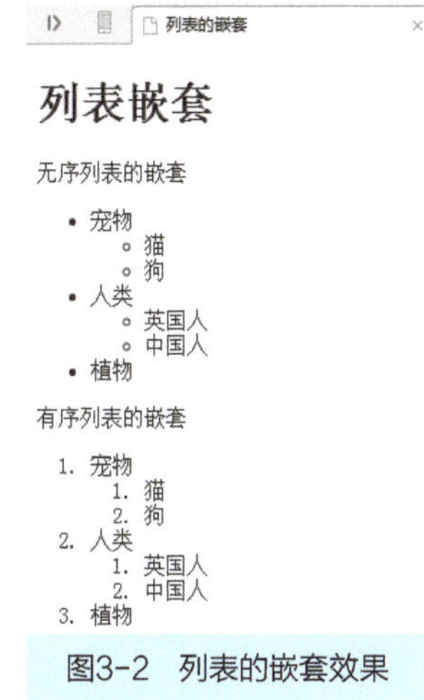

图3-2　列表的嵌套效果

3.2　结构元素

网页布局一般使用div元素，但语义化并不好。HTML 5引入了大量新的块级元素来帮助提升网页的语义，使页面具有逻辑性结构，容易维护，并且对数据挖掘服务更友好。

结构元素，又称为区块型元素，是用来定义区块内容范围的元素。之前，区块型元素只有<div>一个，HTML 5新增了7个语义化结构元素，包括<header>、<nav>、<article>、<aside>、<section>、<footer>、<main>。本节将详细介绍HTML 5这7个结构元素。

3.2.1　header元素

header元素，从语义化上看为文档的页眉，其用法如下：一种具有引导和导航作用的结构元素，通常放置整个页面或者页面内的一个内容区块的标题，一个网页内并没有限制header标签的个数。header元素使用频率极高，比较容易理解。其语法格式为：

```
<header>
    <h1>文章主题</h1>
    ......
</header>
```

3.2.2 nav元素

nav元素描绘一个含有多个超链接的区域，这个区域包含转到其他页面，或者页面内部其他部分的链接列表。

```
<nav>
    <ul>
        <li><a href=" ">学院概况</a></li>
        <li><a href=" ">师资队伍</a></li>
        <li><a href=" ">教学科研</a></li>
        <li><a href=" ">信息服务</a></li>
    </ul>
</nav>
```

在上面这段代码中，通过在nav元素内部嵌套无序列表来搭建导航结构。通常，一个网页可以含有多个nav元素，作为页面整体或者不同部分的导航。

但需要注意的是，并不是所有的链接组合都必须使用nav元素，它只用来将一些热门的链接放入导航栏，例如，footer元素就常用在页面底部，包含一个不常用的链接组，没必要加入<nav>的链接列表。

3.2.3 article元素

article元素表示文档、页面、应用或网站中的独立结构，其意在成为可独立分配的或可复用的结构，可能是论坛帖子、杂志或新闻文章、博客、用户提交的评论、交互式组件，或者其他独立的内容项目。当article元素嵌套使用时，则该元素代表与外层元素有关的文章。例如，代表博客评论的article元素可嵌套在代表博客文章的article元素中。

article元素通常使用多个session元素进行划分，一个页面中的article元素可以出现多次。

通过例子demo3-3.html来理解article元素。

demo3-3.html

```
<!doctype html>
<html>
<head>
```

```
<meta charset="utf-8">
<title>article元素</title>
</head>
<body>
<article>
  <header>
    <h2>第一个标题</h2>
    <p>Hello</p>
  </header>
  <footer>
    <p>这是底部</p>
  </footer>
</article>
<article>
  <header>
    <h2>第二个标题</h2>
    <p>发表日期：
      <time pubdate="pubdate">2017年7月10号</time>
    </p>
  </header>
  <footer>
    <p>聊城职业技术学院信息学院 版权所有</p>
  </footer>
</article>
</body>
</html>
```

在demo3-3中，包含了两个article元素，每一个元素是一个独立部分，包含各自的header和footer部分，运行demo3-3.html，运行效果如图3-3所示。

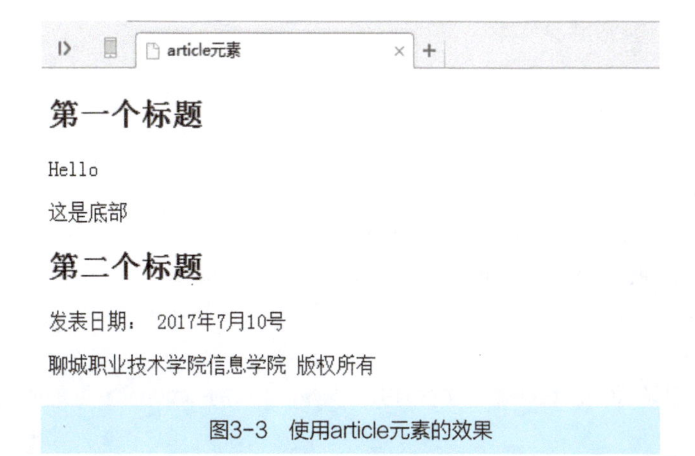

图3-3　使用article元素的效果

3.2.4 aside元素

aside元素表示一个和其余页面内容几乎无关的部分，被认为是独立于该内容的一部分，并且可以被单独地拆分出来而不会使整体受到影响，一般用于表示不直接相关内容的侧边栏，aside元素里面的内容与它所关联的内容相互独立，不影响各自文本含义的理解，如一篇文章的广告、相关背景和引述内容等。

3.2.5 section元素

section元素表示文档中的一个区域（或节），是区块级通用元素。例如，页面里的导航菜单、文章正文、文章评论等。使用section元素时，需注意以下几点：

1）section元素的作用是对页面上的内容进行分块，或者对文章进行分段。

2）section元素通常由内容及其标题组成。通常不推荐没有标题的内容使用section元素。

3）section元素并非一个普通的容器元素。当一个内容需要被直接定义样式或通过脚本定义行为时，推荐使用div元素而非section元素。

4）如果article元素、nav元素、aside元素都符合某条件，那么就不要用section元素定义。

5）section元素中的内容可以单独存储到数据库中或输出到word文档中。

通过例子demo3-4.html来理解section元素。

demo3-4.html

```
<!doctype html>
<html>
<head>
<meta charset="utf-8">
<title>section元素</title>
</head>
<body>
<article>
  <header>
    <h1>article元素和section元素使用</h1>
    <p>发表日期：<time pubdate="pubdate">2018/2/9</time>
    </p>
  </header>
  <p>此标签里显示的是article整个文章的主要内容，下面的section元素里是对该文章的评论</p>
  <section>
    <h2>评论</h2>
```

```
        <article>
          <header>
            <h3>发表者：Galin</h3>
            <p>1小时前</p>
          </header>
          <p>这篇文章很不错啊，顶一下！</p>
        </article>
        <article>
          <header>
            <h3>发表者：木木</h3>
            <p>1小时前</p>
          </header>
          <p>这篇文章很不错啊，对article解释得很详细</p>
        </article>
      </section>
    </article>
    </body>
    </html>
```

运行demo3-4.html，效果如图3-4所示。

图3-4　使用section元素的效果

3.2.6　footer元素

footer元素用于定义一个页面或者区域的底部，它可以包含所有通常放在页面底部的内容。在HTML 5之前的版本中，布局网页底部版权信息时，习惯使用<div id="footer"></div>或<div class="footer"></div>标记来定义页面底部，在HTML 5中通过footer元素可以轻松实现。

一个页面中可以包含多个footer元素。同时，也可以在article元素或者section元素中添加footer元素。

3.2.7 main元素

main元素不常用，最主要的原因是IE浏览器不支持该元素，main元素呈现了文档或应用的主体部分。主体部分由与文档直接相关或扩展于文档的中心主题、应用的主要功能部分的内容组成。不能在一个文档中有多个main元素，不能在article元素、aside元素、footer元素、header元素或nav元素中包含main元素。

3.3 分组元素

分组元素用于对页面中的内容进行分组。HTML 5中涉及3个与分组相关的元素，分别是figure元素、figcaption元素和hgroup元素。本节将对它们进行详细讲解。

3.3.1 figure元素和figcaption元素

HTML中常用到一种图片列表："图片+标题"或者"图片+标题+简单描述"。以前的常规写法是：

```
<li>
<img src="timg.jpg" />
<p>标题</p>
</li>
```

而在HTML 5中有了更能语义化地定义出这种图片列表的元素，即figure元素。figure元素能够规定独立的流内容（图像、图表、照片、代码等）。figure元素的内容应与主内容相关，但如果被删除，则不对文档流产生影响。在HTML 5中，上述代码可以改为如下代码。

```
<figure>
<img src="timg.jpg " />
<p>标题</p>
</figure>
```

figcaption元素代表了figure元素的一个标题或其相关解释。但并不是每一个figure元素都需要一个figcaption元素，在使用figcaption元素时，它最好是<figure>的第一个或者最后一个元素。

```
<figure>
  <figcaption>花</figcaption>
  <figure> <img src="images/flower1.png" alt="牡丹花">
    <figcaption>芍药科植物，为多年生落叶灌木</figcaption>
  </figure>
  <figure> <img src="images/flower2.png" alt="桃花">
    <figcaption>桃树盛开的花朵，属蔷薇科植物</figcaption>
  </figure>
</figure>
```

上面的代码主要是介绍花的种类，figure元素中有一个figcaption元素（类似于标题）和两个figure元素，在figure元素中又嵌套了一个figure元素和figcaption元素。

3.3.2 hgroup元素

hgroup元素是将标题和它的子标题进行分组的元素。hgroup元素一般会把h1～h6的元素进行分组，例如，一个内容区块的标题和它的子标题算是一组。通常情况下，文章只有一个主标题时，是不需要hgroup元素的。

```
<article>
<header>
<h1>文章标题</h1>
<p><time datetiem="2018-10-08">2018年10月8日</time></p>
</header>
<p>文章正文</p>
</article>
```

上面这段代码中只有一个h1标题和正文，所以不需要用hgroup元素。如果文章有主标题，并且主标题下面有子标题，那么就需要hgroup元素，如下面的代码所示。

```
<article>
<header>
<hgroup>
<h1>文章主标题</h1>
<h2>文章子标题</h2>
</hgroup>
<p><time datetime="2018-10-08">2018年10月8日</time></p>
</header>
<p>文章正文</p>
```

```
</article>
```

从上面的代码可以看出，当同一个区块下面的标题有主标题和子标题时，就需要hgroup元素进行包裹。

3.4 页面交互元素

交互元素就是和用户进行互动的元素，HTML 5相比于之前版本的HTML增加了很多的交互元素，本节主要讲解几个常用的页面交互元素。

3.4.1 details元素和summary元素

首先来看两个效果图，details元素和summary元素效果如图3-5和图3-6所示。

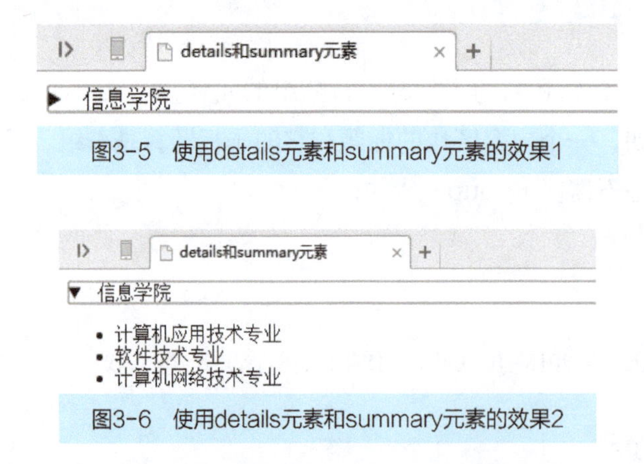

图3-5 使用details元素和summary元素的效果1

图3-6 使用details元素和summary元素的效果2

从上面两个效果图可以看出，网页中的标题“信息学院”前面有一个三角形。单击这个标题或者三角形符号的时候，它下面会弹出专业内容；再次单击时，专业内容部分就隐藏了，这就是details元素和summary元素的结合使用效果。

details元素是一种用于标识该元素内部的子元素可以被展开、收缩显示的元素。details元素具有一个布尔类型的open属性，当该属性值为true时，该元素内部的子元素应该被展开显示；当该属性值为false时，其内部的子元素应该被收缩起来不予显示。该属性的默认值为false，当页面打开时其内部的子元素应该处于收缩状态。

图3-5和图3-6所示效果图的详细代码如demo3-5.html所示。

demo3-5. html

```
<!doctype html>
```

```
<html>
<head>
<meta charset="utf-8">
<title>details和summary元素</title>
</head>
<body>
<details>
<summary>
信息学院
</summary>
<ul>
 <li>计算机应用技术专业</li>
 <li>软件技术专业</li>
 <li>计算机网络技术专业</li>
</ul>
</details>
</body>
</html>
```

summary元素从属于details元素，单击summary元素中的内容文字时，details元素中的其他所有从属元素将会展开或者收缩。如果details元素内没有summary元素，浏览器会提供默认的文字以供单击，如“详细信息”。如果把demo3-5.html中的“<summary>信息学院</summary>”去掉，那么效果显示如图3-7所示。

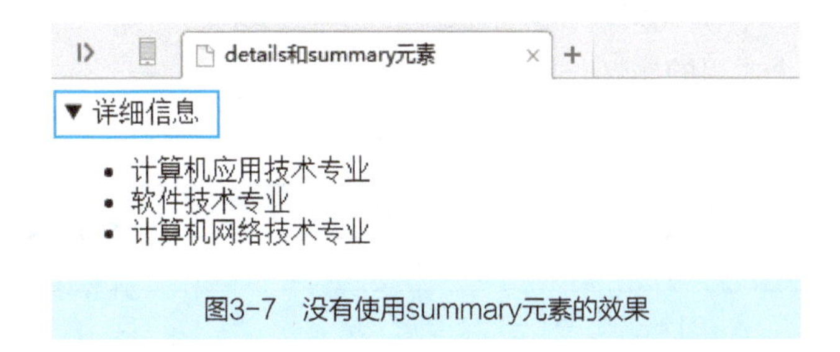

图3-7　没有使用summary元素的效果

3.4.2　progress元素

progress元素代表一个任务的完成进度，这个进度可以是不确定的，表示任务正在进行，但不清楚这个任务还有多少工作量没有完成，也可以用0到某个最大数字（如100）之间的数字来表示准确的进度情况（如百分比）。

progress元素具有两个表示当前任务完成情况的属性，value属性表示已经完成了多少工作量，max属性表示总共有多少工作量。工作量的单位是随意的，不指定的。在设定属性点的时候，value属性和max属性只能指定为有效的浮点数，value属性值必须大于0，且小于或等于max的属性值，max属性值必须大于0。

通过一段代码理解progress元素的使用。

```
<p>
当前任务完成进度：
<progress value="55" max="100" ></progress>
</p>
```

运行上面的代码，效果如图3-8所示。

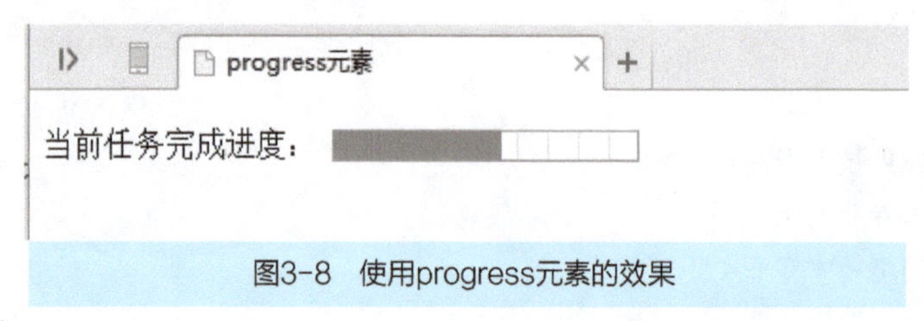

图3-8　使用progress元素的效果

从图3-8可以看出，value属性值为55，max属性值为100，因此进度条显示到55%的位置。

3.4.3　meter元素

meter元素用来定义度量（单位），仅用于已知最大值和最小值的度量，也被称为gauge（尺度）。例如，磁盘用量、查询结果的相关性等。但是meter元素不应用于指示进度（在进度条中）。如果标记进度条，请使用progress元素。

meter元素有多个常用的属性，如表3-3所示。

表 3-3　meter 元素常用属性

属　性	描　述
high	设置或返回度量中high属性的值
labels	返回度量的label元素的列表
low	设置或返回度量中low属性的值
max	设置或返回度量中max属性的值
min	设置或返回度量中min属性的值

下面通过demo3-6.html来理解meter元素的使用。

demo3-6.html

```
<!doctype html>
<html>
<head>
<meta charset="UTF-8">
 <title>meter元素使用</title>
```

```
</head>
<body>
<p>硬盘D实际使用情况<meter value="85" max="500" min="0">85/500</meter>GB</p>
<p>
  硬盘E实际使用情况<meter value="185" max="500" min="0" low="50" high="350"
optimum="380"></meter>
GB</p>
<p>
 硬盘F实际使用情况<meter value="35" max="500" min="0" low="50" high="350"
optimum="380"></meter>
GB</p>
</body>
</html>
```

运行demo3-6.html，效果如图3-9所示。

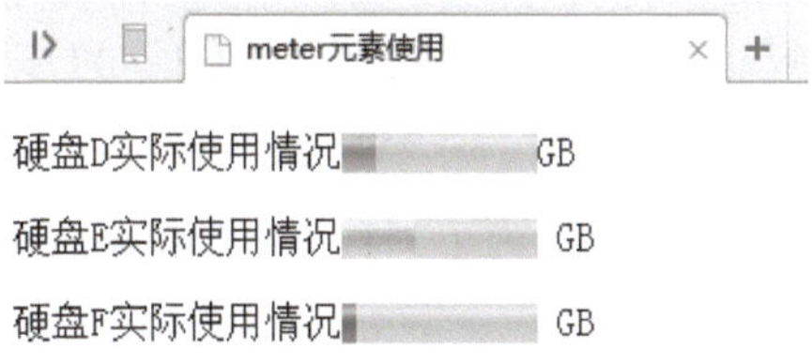

图3-9 使用meter元素的效果

3.5 音频和视频元素

在HTML 5之前，要在网页中插入音频和视频文件，大多数情况下都是通过第三方插件或集成在web浏览器的应用程序置于页面中。例如，通过Flash插件将视频和音频文件嵌入到网页中。

通过这样的方式实现的音频视频功能，不仅需要借助第三方插件，而且实现代码复杂冗长，通过HTML 5中新增的video元素和audio元素可以避免这样的问题。在HTML 5语法中，video元素用于为页面添加视频，audio元素用于为页面添加音频。本节我们来学习video元素和audio元素的使用。

3.5.1 多媒体的格式

如果想让视频文件可以在页面中正常地加载并播放，还需要设置正确的多媒体格式。并不是所有格式的音频和视频文件都能在网页中正常播放。

1．视频格式

目前，video元素支持三种视频格式：MP4、WebM、和Ogg。

- MP4：带有H.264视频编码和AAC音频编码的MPEG 4文件。
- WebM：带有VP8视频编码和Vorbis音频编码的WebM文件。
- Ogg：带有Theora视频编码和Vorbis音频编码的Ogg文件。

2．音频格式

目前，audio元素支持三种音频格式文件：MP3、WAV、和Ogg。

- MP3：是MPEG标准中的音频部分，也就是MPEG音频层。MPEG音频文件是一种有损压缩文件，由于其文件尺寸小、音质好，这种格式的文件非常流行。
- WAV：WAV为微软公司（Microsoft）开发的一种声音文件格式，是录音时使用的标准的Windows文件格式，文件的扩展名为“wav”，是最接近无损的音乐格式，所以文件大小相对也比较大。
- Ogg：Ogg是一种音频压缩格式，类似于MP3等的音乐格式。但它是完全免费、开放和没有专利限制的。Ogg Vorbis有一个特点是支持多声道。

到目前为止，很多浏览器都已经实现了对HTML 5的video元素和audio元素的支持。

3.5.2 video元素

video元素提供了播放、暂停和音量控件来控制视频。同时，video元素也提供了width属性和height属性控制视频的尺寸。如果设置了高度和宽度，所需的视频空间会在页面加载时保留。如果没有设置这些属性，浏览器不知道视频的大小，就不能在加载时保留特定的空间，页面就会根据原始视频的大小而改变。video元素插入视频的基本语法格式如下：

```
<video src="视频文件" controls="controls"> </video>
```

上面的语法格式中，src属性用于设置视频文件的路径，controls属性用于为视频提供播放控件，这两个属性是video元素的基本属性。<video>与</video>标签之间还可以插入文字，用于在不支持video元素的浏览器中显示。

通过demo3-7.html理解video元素的使用。

demo3-7.html

```
<!doctype html>
<html>
<head>
<meta charset="utf-8">
<title>HTML 5中插入视频</title>
</head>
<body>
```

```
<h1>video元素的使用示例</h1>
<video src="images/qiaohu.Ogg" controls="controls"  >
<!--如果浏览器不支持video标签则显示这句话-->
你的浏览器不支持HTML 5的video标签
</video>
</body>
</html>
```

运行demo3-7.html，效果如图3-10所示。

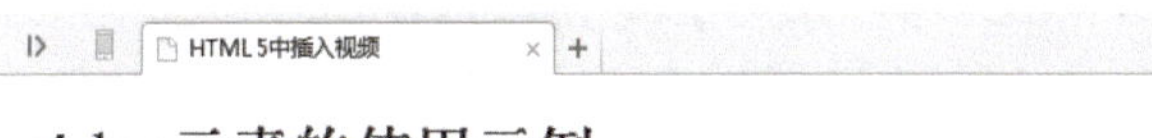

图3-10　HTML 5中插入视频效果

图3-10显示的是页面已加载，视频未播放的状态，界面底部是浏览器添加的视频控件，用于控制视频播放的状态，有“播放”按钮、“进度条”“声音”按钮、“全屏”按钮四个部分，当单击“播放”按钮时，视频开始播放。

video元素还有其他属性，可以在播放视频时添加其他属性，进一步优化视频的播放效果。video元素常见属性见表3-4。

表3-4　video元素常见属性

属　性	值	描　述
autoplay	autoplay	如果出现该属性，则视频在就绪后马上播放
controls	controls	如果出现该属性，则向用户显示控件，如“播放”按钮
height	pixels	设置视频播放器的高度
loop	loop	如果出现该属性，则当媒介文件完成播放后，再次开始播放
preload	preload	如果出现该属性，则视频在页面加载时进行加载，并预备播放。如果使用“autoplay”，则忽略该属性
src	url	要播放的视频的URL
width	pixels	设置视频播放器的宽度

根据表3-4，可以给demo3-7.html中的video元素添加新的属性，来优化视频播放效果。

```
<video src="images/qiaohu.ogg" controls="controls" autoplay="autoplay" width="400" loop="loop">
```

上面的代码对video元素添加了自动播放和循环播放属性，并调整了视频播放器的宽度，保存HTML文件，刷新页面，效果如图3-11所示。

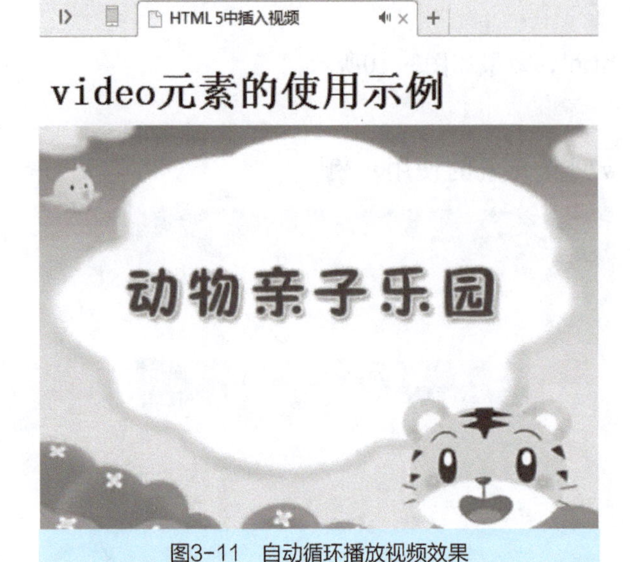

图3-11　自动循环播放视频效果

3.5.3　audio元素

在HTML 5中，audio元素用于定义播放音频文件的标准，它支持三种音频格式，分别为MP3、WAV和Ogg，其基本语法如下：

```
<audio src="音频文件" controls="controls"></audio>
```

上面的语法格式中，src属性用于设置音频文件的路径，controls属性用于为音频提供播放控件，这两个属性是audio元素的基本属性。同样<audio>与</audio>之间也可以插入文字，用于在不支持audio元素的浏览器显示。

通过demo3-8.html来理解audio元素。

demo3-8.html

```
<!doctype html>
<html>
<head>
<meta charset="utf-8">
<title>HTML 5中插入音频</title>
</head>
<body>
```

```
<h1>audio元素的使用示例</h1>
<audio src="images/music.mp3" controls="controls">
 <!--如果浏览器不支持audio标签则显示这句话-->
你的浏览器不支持HTML 5的audio标签
</audio>
</body>
</html>
```

运行demo3-8.html，效果如图3-12所示。

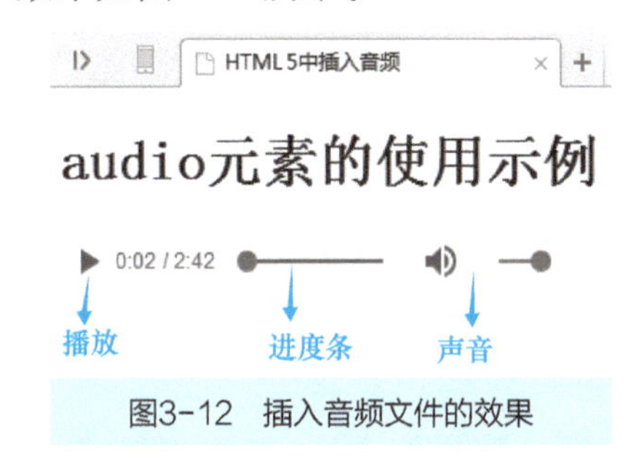

图3-12　插入音频文件的效果

图3-12是插入音频文件的效果，文件不会自动播放，单击“播放”按钮，即可播放音频文件。

3.6　案例——制作畅销书单页面

本章主要讲解了HMTL 5的列表元素、结构元素、分组元素、页面交互元素、音频和视频元素及它们的常用属性。本节结合前面所学知识点，制作一个畅销书单页面，效果如图3-13所示。

图3-13　畅销书单页面效果

当单击“畅销图书”时，会显示畅销图书的下拉菜单，如图3-14所示；再次单击，将下拉菜单收缩。

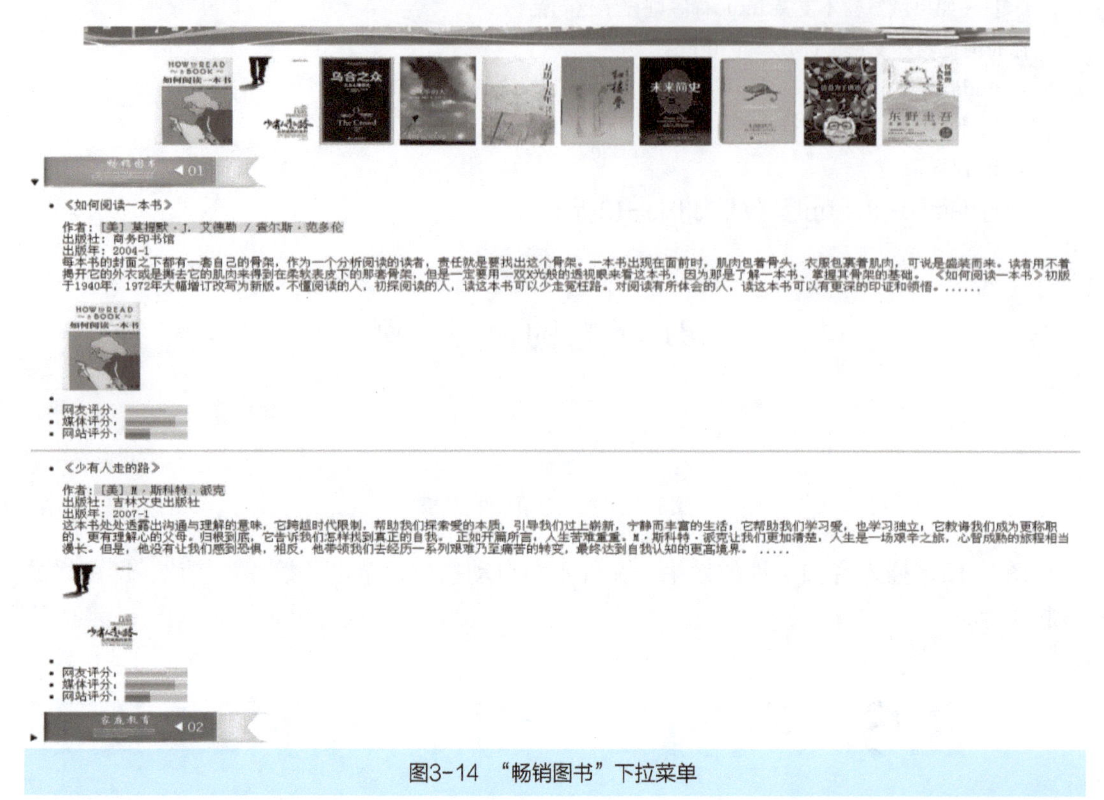

图3-14 “畅销图书”下拉菜单

同样，单击“家庭教育”时，会显示家庭教育的下拉菜单，如图3-15所示；再次单击，将下拉菜单收缩。

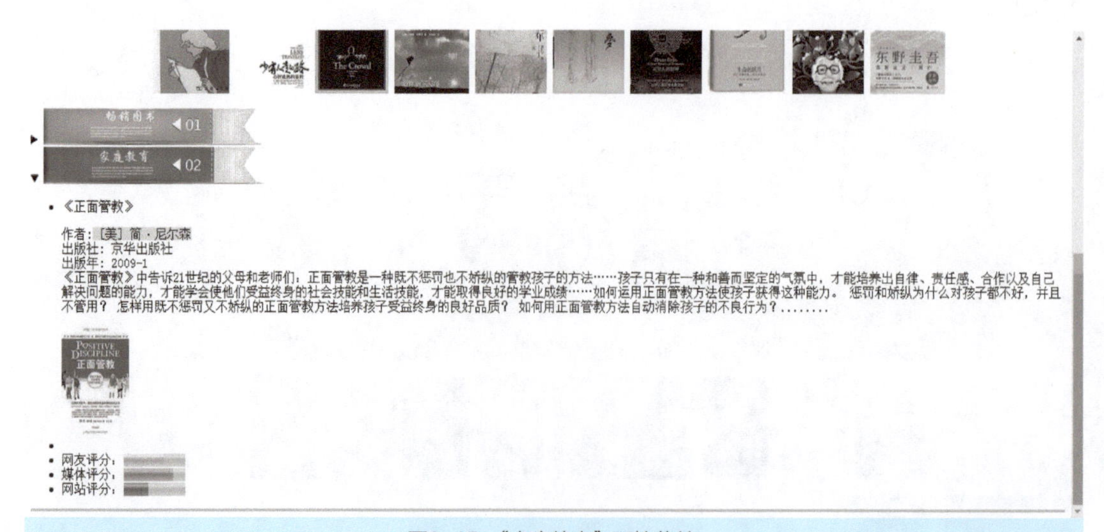

图3-15 “家庭教育”下拉菜单

3.6.1　分析效果图

从页面效果图可以看出，页面可以分为3个部分：头部、导航部分和内容部分，如图3-16所示。

图3-16　页面结构分析

其中，头部信息通过<head>定义，内部音频用<audio>定义，用<img>插入图片。导航部分链接用<nav>定义，内部嵌套无序列表<ul>。内容部分<article>定义，内部用<details>进行划分，其中畅销图书、家庭教育均为插入的图片，用<details>的<summary>定义，以实现单击这两个图片时，分别显示<details>内部的其他内容。页面中的评分进度效果用<meter>来实现。

3.6.2　制作页面

根据上面的分析，使用相应的HTML元素来搭建网页结构，如demo3-9.html所示。

demo3-9. html

```
<!doctype html>
<html>
<head>
<meta charset="utf-8">
<title>畅销书单</title>
</head>
<body><!--网站头部部分-->
<header></header>
```

```
<!--网站导航部分-->
<nav></nav>
<!--网站内容部分-->
<article></article>
</body>
</html>
```

在demo3-9.html中，第8、10、12行代码分别定义了页面的头部信息、导航部分信息和内容部分信息。接下来分步来实现页面的制作。

1. 制作头部信息

在网页结构代码demo3-9.html中添加header模块的结构代码，具体如下。

```
 <!--网站头部部分-->
<h2 align="center">畅销书单</h2>
 <h3 align="right">
<audio src="images/music.mp3" controls autoplay="autoplay"></audio>
</h3>
    <p align="center"> <img src="images/banner.jpg">
    </p>
</header>
```

运行demo3-9.html，效果如图3-17所示。

图3-17　头部效果展示

2. 制作导航链接部分

在网页结构代码demo3-9.html中添加nav模块的结构代码，具体如下。

```
 <!--网站导航部分-->
<nav>
  <p align="center">
        <img src="images/nav1.jpg">
        <img src="images/nav2.jpg">
        <img src="images/nav3.jpg">
```

```
        <img src="images/nav4.jpg">
        <img src="images/nav5.jpg">
        <img src="images/nav6.jpg">
        <img src="images/nav7.jpg">
        <img src="images/nav8.jpg">
        <img src="images/nav9.jpg">
        <img src="images/nav10.jpg">
    </p>
</nav>
```

保存demo3-9.html文件，刷新页面，效果如图3-18所示。

图3-18 导航链接效果展示

3．制作文章内容部分

在网页结构代码demo3-9.html中添加article模块的结构代码，具体如下。

```
<!--网站内容部分-->
<article>
  <details>
    <summary ><img src="images/top1.png"></summary>
    <ul contenteditable="true" >
      <li>
        <figcaption>《如何阅读一本书》</figcaption>
        <p>作者：
          <mark>[美] 莫提默·J. 艾德勒 / 查尔斯·范多伦</mark>
          <br/>
          出版社：  商务印书馆<br/>
          出版年：  2004-1<br/>
          每本书的封面之下都有一套自己的骨架，作为一个分析阅读的读者，责任就是要找出这个骨架。一本书出现在面前时，肌肉包着骨头，衣服包裹着肌肉，可说是盛装而来。读者用不着揭开它的外衣或是撕去它的肌肉来得到在柔软表皮下的那套骨架，但是一定要用一双X光般的透视眼来看这本书，因为那是了解一本书、掌握其骨架的基础。
          《如何阅读一本书》初版于1940年，1972年大幅增订改写为新版。不懂阅读的人，初探阅读的人，读这本书可以少走冤枉路。对阅读有所体会的人，读这本书可以有更深的印证和领悟。</p>
        <img src="images/nav1.jpg"> </li>
      <li></li>
      <li> 网友评分：
       <meter value="65" min="0" max="100" low="60" high="80" title="65分"
```

```
optimum="100">65</meter>
        </li>
        <li> 媒体评分：
          <meter value="80" min="0" max="100" low="60" high="80" title="65分"
optimum="100">65</meter>
        </li>
        <li> 网站评分：
          <meter value="40" min="0" max="100" low="60" high="80" title="65分"
optimum="100">65</meter>
        </li>
    </ul>
    <hr size="3" color="#ccc">
    <ul contenteditable="true" >
        <li>
          <figcaption>《少有人走的路》</figcaption>
          <p>作者：
            <mark>[美] M·斯科特·派克</mark>
            <br>
            出版社：吉林文史出版社<br>
            出版年：2007-1<br>
            这本书处处透露出沟通与理解的意味，它跨越时代限制，帮助我们探索爱的本质，引导我
们过上崭新、宁静而丰富的生活；它帮助我们学习爱，也学习独立；它教诲我们成为更称职的、更有理解
心的父母。归根到底，它告诉我们怎样找到真正的自我。
            正如开篇所言：人生苦难重重。M·斯科特·派克让我们更加清楚：人生是一场艰辛之旅，
心智成熟的旅程相当漫长。但是，他没有让我们感到恐惧，相反，他带领我们去经历一系列艰难乃至痛
苦的转变，最终达到自我认知的更高境界。
            .....</p>
          <img src="images/nav2.jpg"> </li>
        <li></li>
        <li> 网友评分：
            <meter value="65" min="0" max="100" low="60" high="80" title="65分"
optimum="100">65</meter>
        </li>
        <li> 媒体评分：
          <meter value="80" min="0" max="100" low="60" high="80" title="65分"
optimum="100">65</meter>
        </li>
        <li> 网站评分：
          <meter value="40" min="0" max="100" low="60" high="80" title="65分"
optimum="100">65</meter>
        </li>
```

```
    </ul>
  </details>
  <details>
    <summary><img src="images/top2.png"></summary>
    <ul contenteditable="true" >
      <li>
        <figcaption>《正面管教》</figcaption>
        <p>作者：
          <mark>[美] 简·尼尔森</mark>
          <br>
          出版社：京华出版社<br>
          出版年：2009-1<br>
          《正面管教》中告诉21世纪的父母和老师们：正面管教是一种既不惩罚也不娇纵的管教孩
子的方法……孩子只有在一种和善而坚定的气氛中，才能培养出自律、责任感、合作以及自己解决问题的
能力，才能学会使他们受益终身的社会技能和生活技能，才能取得良好的学业成绩……如何运用正面管教
方法使孩子获得这种能力。
          惩罚和娇纵为什么对孩子都不好，并且不管用？
          怎样用既不惩罚又不娇纵的正面管教方法培养孩子受益终身的良好品质？
          如何用正面管教方法自动消除孩子的不良行为？ ........</p>
        <img src="images/book3.jpg"> </li>
      <li></li>
      <li> 网友评分：
        <meter value="65" min="0" max="100" low="60" high="80" title="65分"
optimum="100">65</meter>
      </li>
      <li> 媒体评分：
        <meter value="80" min="0" max="100" low="60" high="80" title="65分"
optimum="100">65</meter>
      </li>
      <li> 网站评分：
        <meter value="40" min="0" max="100" low="60" high="80" title="65分"
optimum="100">65</meter>
      </li>
    </ul>
    <hr size="3" color="#ccc">
  </details>
</article>
```

在上面的代码中，共添加了两类书，分别用<details>定义，标题部分用<summary>定义。单击标题时，可实现下拉菜单内容的显示与隐藏效果。

保存demo3-9.html，刷新页面，内容部分效果如图3-19所示。

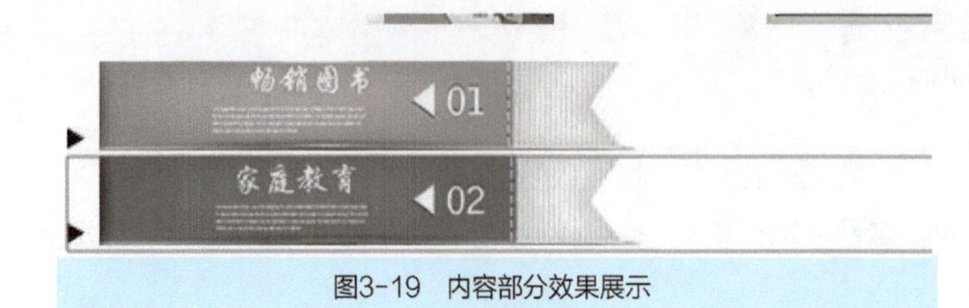

图3-19 内容部分效果展示

当单击“畅销图书”标题时，显示“畅销图书”下拉菜单，如图3-20所示。

畅销图书 ◀01

- 《如何阅读一本书》

作者：[美] 莫提默·J. 艾德勒 / 查尔斯·范多伦
出版社：商务印书馆
出版年：2004-1
每本书的封面之下都有一套自己的骨架，作为一个分析阅读的读者，责任就是要找出这个骨架。一本书出现在面前时，肌肉包着骨头，衣服包裹着肌肉，可说是盛装而来。读者用不着揭开它的外衣或是撕去它的肌肉来得到在柔软表皮下的那套骨架，但是一定要用一双X光般的透视眼来看这本书，因为那是了解一本书、掌握其骨架的基础。《如何阅读一本书》初版于1940年，1972年大幅增订改写为新版。不懂阅读的人，初探阅读的人，读这本书可以少走冤枉路。对阅读有所体会的人，读这本书可以有更深的印证和领悟。......

- 网友评分：
- 媒体评分：
- 网站评分：

- 《少有人走的路》

作者：[美] M·斯科特·派克
出版社：吉林文史出版社
出版年：2007-1
这本书处处透露出沟通与理解的意味，它跨越时代限制，帮助我们探索爱的本质，引导我们过上崭新，宁静而丰富的生活；它帮助我们学习爱，也学习独立；它教诲我们成为更称职的、更有理解心的父母。归根到底，它告诉我们怎样找到真正的自我。 正如开篇所言，人生苦难重重。M·斯科特·派克让我们更加清楚，人生是一场艰辛之旅，心智成熟的旅程相当漫长。但是，他没有让我们感到恐惧，相反，他带领我们去经历一系列艰难乃至痛苦的转变，最终达到自我认知的更高境界。 .....

- 网友评分：
- 媒体评分：
- 网站评分：

图3-20 “畅销图书”下拉菜单效果展示

当单击“家庭教育”标题时，显示“家庭教育”下拉菜单，如图3-21所示。

家庭教育 ◀02

- 《正面管教》

作者：[美] 简·尼尔森
出版社：京华出版社
出版年：2009-1
《正面管教》中告诉21世纪的父母和老师们：正面管教是一种既不惩罚也不娇纵的管教孩子的方法……孩子只有在一种和善而坚定的气氛中，才能培养出自律、责任感、合作以及自己解决问题的能力，才能学会使他们受益终身的社会技能和生活技能，才能取得良好的学业成绩……如何运用正面管教方法使孩子获得这种能力。 惩罚和娇纵为什么对孩子都不好，并且不管用？ 怎样用既不惩罚又不娇纵的正面管教方法培养孩子受益终身的良好品质？ 如何用正面管教方法自动消除孩子的不良行为？

- 网友评分：
- 媒体评分：
- 网站评分：

图3-21 “家庭教育”下拉菜单效果展示

至此，本章的阶段案例制作完成。通过本案例的学习，相信读者已经对HTML 5的页面元素及属性有了进一步的理解和把握，并能够运用所学知识实现一些简单的页面效果。

本 章 小 结

本章先介绍了HTML 5的列表元素，又介绍了HTML 5文档新增的一些页面结构元素，然后针对分组元素、页面交互元素、视频和音频元素等HMTL 5中一些重要元素进行了详细讲解，而且针对每个元素设置了实例。最后通过案例练习了HTML 5中元素的实际应用。

HTML 5中的相关元素还有很多，在后面的章节中将会做进一步介绍。希望通过本章的学习，能够加深对各元素的理解，为后面章节的学习打下扎实的基础。

动手做一做

请同学们利用学到的HTML 5新增页面结构元素做一个自己喜欢的页面吧！

第4章 表单元素

【学习目标】

- 理解表单的构成，可以快速创建表单。
- 掌握表单的定义元素及属性，以及表单的输入元素及属性，能够创建具有相应功能的表单控件。
- 掌握新增的表单元素及属性。
- 开发一个学生信息登记表界面案例。

表单是HTML中的重要元素，它通过收集来自用户的信息，并将信息发送给服务器端程序处理，来实现网上注册、网上登录、网上交易等多种功能。本章将对表单元素及属性等内容进行详细讲解。

4.1 表单定义元素及属性

表单是一个包含表单元素的区域。

表单元素允许用户在表单中输入内容，如文本域（textarea）、下拉列表、单选框（radio-buttons）、复选框（checkboxes）等。

表单使用表单标签<form>来设置。<form>用于创建一个表单，定义表单的开始和结束，它是一个容器，用于包含其他表单元素，如文本框、复选框等。表单元素必须放在<form>中才能起作用。

表单中包含action、method、name等属性。

action属性表示传送目标，处理表单信息的服务器端应用程序。

method属性表示处理表单的方法，有get和post两种方法。get方法是将值附加到请求该页的URL中，适合传递少量信息，也是默认的方法。post方法可以传递大量信息，安全性大于get方法。

name属性规定表单的名称，提供了一种在脚本中引用表单的方法。

autocomplete属性用于控制自动完成功能的开启和关闭，可以用来设置表单的input元素，有两个属性值，当设置为on时，启动该功能；当设置为off时，关闭该功能。启用该功能后，当用户在自动完成域开始输入时，浏览器就会在该域中显示填写的选项。用户每提交一次，就会增加一个用于选择的选项。该属性是HTML 5新增的属性。

demo4-1.html

```
<!doctype html>
<html>
<head lang="en">
    <meta charset="UTF-8">
    <title></title>
</head>
<body>
   <form action="#" method="get" autocomplete="on">
      请输入：<input type="text"  name="txt" /><br/>
       <input type="submit" value="提交"/>
   </form>
</body>
</html>
```

运行结果如图4-1所示。

请输入：

提交

图4-1 demo4-1.html运行结果

novalidate属性是HTML 5的新加属性，用于规定是否对提交的表单进行验证。当表单进行提交时，如果其novalidate的属性值为“novalidate”，那么该表单在提交数据时不会验证表单数据。

4.2 表单输入元素及属性

表单通过输入元素收集来自用户的信息，并将信息发送给服务器端程序处理，来实现网上注册、网上登录、网上交易等多种功能。HTML 5拥有多个新的表单输入类型，这些新特性提供了更好的输入控制和验证功能。

4.2.1 表单输入元素input

随着HTML 5的出现，input元素新增了多种类型，用以接收各种类型的用户输入。其中，button、checkbox、file、hidden、image、password、radio、reset、submit和text是10个传统的输入控件，新增的有email、url、number、range、search、Date pickers（date，month，week，time，datetime，datetime-local）、tel和color，见表4-1。

表 4-1 输入控件及浏览器支持

Input Type	IE	Firefox	Opera	Chrome	Safari
email	No	4.0	9.0	10.0	No
url	No	4.0	9.0	10.0	No
number	No	No	9.0	7.0	No
range	No	No	9.0	4.0	4.0
Date pickers	No	No	9.0	10.0	No
search	No	4.0	11.0	10.0	No
color	No	No	11.0	No	No

1. email

email类型用于应该包含E-mail地址的输入域，在提交表单时，会自动验证email域的值。

demo4-2.html

```
<!doctype html>
<html>
<body>
<form action="#" method="get">
```

```
E-mail：<input type="email" name="user_email" /><br />
<input type="submit" value="提交"/>
</form>
</body>
</html>
```

运行结果如图4-2所示。

图4-2　demo4-2.html运行结果

2．url

url类型用于应该包含URL地址的输入域。在提交表单时，会自动验证url域的值。

```
demo4-3. html
<!doctype html>
<html>
<body>
<form action="#" method="get">
Homepage：<input type="url" name="user_url" /><br />
<input type="submit" value="提交"/>
</form>
</body>
</html>
```

运行结果如图4-3所示。

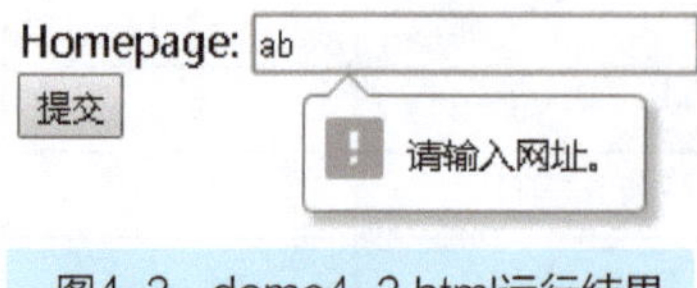

图4-3　demo4-3.html运行结果

3．number

number类型用于应该包含数值的输入域，还能够设定对所接受的数字的限定，见表4-2。

表 4-2　number 类型设定对所接受的数字的限定

属　性	值	描　述
max	number	规定允许的最大值
min	number	规定允许的最小值
step	number	规定合法的数字间隔（如果step="3"，则合法的数是-3，0，3，6等）

demo4-4. html

```
<!doctype html>
<html>
<body>
<form action="http://www.baidu.com" method="get">
<input type="number" name="points" min="0" max="10" step="3" value="6" />
<input type="submit" value="提交"/>
</form>
</body>
</html>
```

运行结果如图4-4所示。

图4-4　demo4-4.html运行结果

4. range

range类型显示为滑动条，用于应该包含一定范围内数字值的输入域，还能够设定对所接受的数字的限定，见表4-3。

表 4-3　range 类型对所接受的数字的限定

属　性	值	描　述
max	number	规定允许的最大值
min	number	规定允许的最小值
step	number	规定合法的数字间隔（如果step="3"，则合法的数是-3，0，3，6等）
value	number	规定默认值

demo4-5. html

```
<!doctype html>
<html>
<body>
<form action="http://www.baidu.com" method="get">
Points：<input type="range" name="points" min="1" max="10" />
<input type="submit" value="提交"/>
</form>
</body>
</html>
```

运行结果如图4-5所示。

Points: 提交

图4-5　demo4-5.html运行结果

5. search

search类型用于搜索域，search域显示为常规的文本域。

demo4-6. html

```
<!doctype html>
<html>
<body>
<form action="#" method="get">
search：<input type="search" name="user_search" /><br />
<input type="submit" value="提交"/>
</form>
</body>
</html>
```

运行结果如图4-6所示。

search: 聊城职业技术学院
提交

图4-6　demo4-6.html运行结果

6. Date pickers

HTML 5拥有多个可供选取日期和时间的输入类型：

- date:选取日、月、年。
- month：选取月、年。
- week：选取周和年。
- time：选取时间（小时和分钟）。
- datetime-local：选取时间、日、月、年（本地时间）。

demo4-7. html

```
<!doctype html>
<html>
<body>
<form action="# " method="get">
Date：<input type="date" name="user_date" /><br>
Month：<input type="month" name="user_date" /><br>
Week：<input type="week" name="user_date" /><br>
Time：<input type="time" name="user_date" /><br>
Date and time：<input type="datetime-local" name="user_date" /><br>
<input type="submit" value="提交"/>
</form>
</body>
</html>
```

运行结果如图4-7所示。

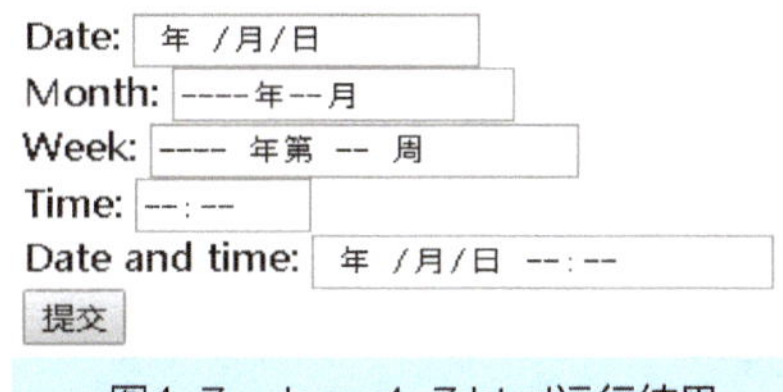

图4-7　demo4-7.html运行结果

4.2.2　列表框元素select

列表框元素select用于创建下拉列表，按显示样式分类主要有三种：下拉菜单式、下拉菜单分组式和列表式。

1．下拉菜单式

demo4-8.html

```
<!doctype html>
<html>
<body>
<form action="#" method="get">
 <select name="city" />
<option selected="selected" value="聊城" >聊城</option>
 <option value="济南" >济南</option>
 <option value="青岛" >青岛</option>
<select>
</form>
</body>
</html>
```

运行结果如图4-8所示。

图4-8　demo4-8.html运行结果

说明：selected="selected"是初始选择，只允许一个option中有。value表示向服务器提交的值。

2．下拉菜单分组式

demo4-9.html

```
<!doctype html>
<html>
```

```
<body>
<form action="#" method="get">
 <select name="citys">
<optgroup label="北京">
<option value="朝阳" selected="selected">朝阳</option>
 <option value="海淀">海淀</option>
 <option value="东城">东城</option>
</optgroup>
<optgroup label="山东">
<option value="济南">济南</option>
 <option value="青岛">青岛</option>
 <option value="聊城">聊城</option>
</optgroup>
 </select>
</form>
</body>
</html>
```

运行结果如图4-9所示。

图4-9 demo4-9.html运行结果

说明：optgroup是列表分组标签，在该例中共分为2组：北京，山东。

3. 列表式

demo4-10.html

```
<!doctype html>
<html>
<body>
<form action="#" method="get">
 <select name="target" size="3" multiple="multiple">
 <option value="山东">山东</option>
 <option value="北京" selected="selected">北京</option>
 <option value="上海">上海</option>
```

```
</select>
</form>
</body>
</html>
```

运行结果如图4-10所示。

图4-10 demo4-10.html运行结果

4.2.3 文本域输入元素textarea

当需要输入大量的文字信息时，单行文本输入框就不再适用，这时就需要用到表单中的文本域输入元素textarea，来创建多行文本输入框。

demo4-11.html

```
<!doctype html>
<html>
<head>
<meta charset="utf-8">
<title>字符批量替换工具界面</title>
</head>
<body>
   <form action="#" method="post" name="example">
        <p>查找（需要替换的旧字符）</p>
   <textarea cols="60" rows="8">请在此输入要查找的文字。
  </textarea>  <p>替换为（新字符）</p>
    <textarea cols="60" rows="8">请在此输入要替换的文字。
    </textarea><br /><br />
    <input type="checkbox" />区分大小写
    <input type="checkbox" />保留备份
    <input type="checkbox" />仅替换字词<br /><br />
   <input type="submit" value="替换"/>
   <input type="reset" value="重置"/>
   <input type="button" value="保存"/>
   </form>
   </body>
   </html>
```

运行结果如图4-11所示。

说明：cols="60"和rows="8"分别表示多行文本框的列和行，在本例中只是完成了文本替换的页面制作，功能可以通过javascript来完成。

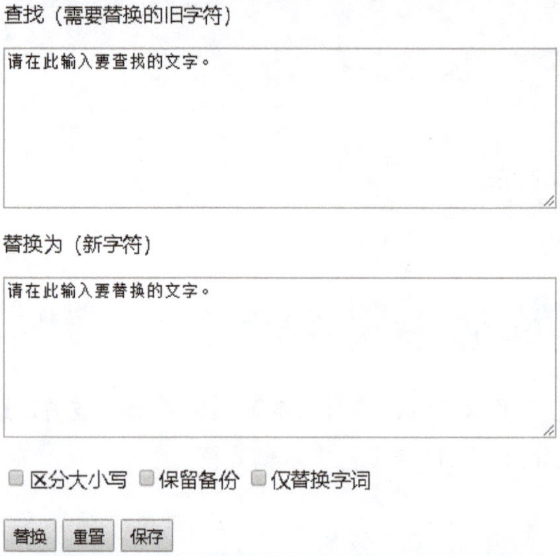

查找（需要替换的旧字符）

请在此输入要查找的文字。

替换为（新字符）

请在此输入要替换的文字。

区分大小写 保留备份 仅替换字词

替换 重置 保存

图4-11　demo4-11.html运行结果

4.3　新增的表单元素及属性

4.3.1　新增的表单元素

在HTML 5中，除了input元素新增的类型外，还增加了一些表单元素，如datalist、output。本节将对这两种表单元素进行详细介绍。

1. <datalist>

datalist元素规定了input元素可能的选项列表。

datalist元素为input元素提供“自动完成”的特性。用户能看到一个下拉列表，其中的选项是预先定义好的，将作为用户的输入数据。

在input元素中，使用list属性来绑定datalist元素。

demo4-12.html

```
<!doctype html>
<html>
<head>
</head>
<body>
<form action="#" method="get">
```

```
请选择您所在的城市：<input list="citys" name="city">
<datalist id="citys">
  <option value="济南">
  <option value="青岛">
  <option value="聊城">
  <option value="烟台">
  </datalist>
<input type="submit" value="提交">
</form>
</body>
</html>
```

运行结果如图4-12所示。

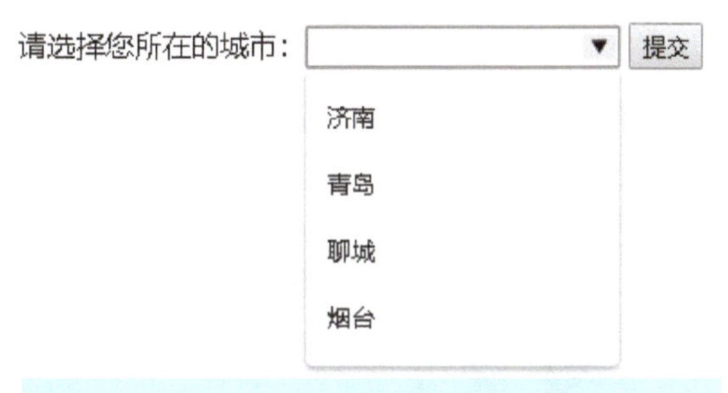

图4-12 demo4-12.html运行结果

说明：该案例通过<datalist>定义了一个城市的下拉列表，然后在<input>中，通过list属性和datalist列表进行了关联，用户可以在列表框中进行选择。

2. <output>

output元素用于不同类型的输出，如计算或脚本输出。

demo4-13.html

```
<!doctype html>
<html>
<head>
<meta charset="utf-8">
</head>
<body>
<form oninput="x.value=parseInt (a.value) +parseInt (b.value) ">0
<input type="range" id="a" value="50">100
+<input type="number" id="b" value="50">
=<output name="x" for="a b"></output>
</form>
</body>
</html>
```

运行结果如图4-13所示。

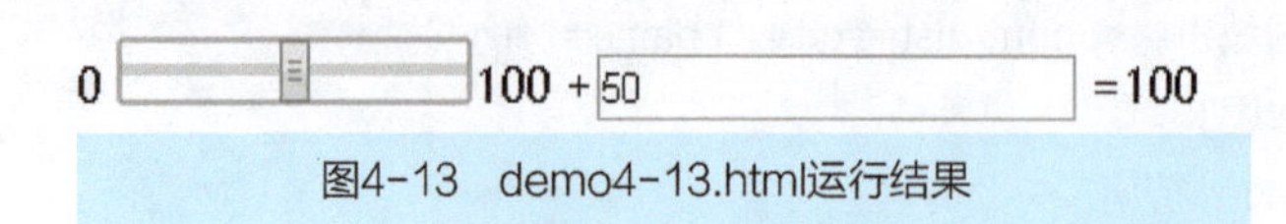

图4-13　demo4-13.html运行结果

说明：该案例中定义了一个range的input标签、一个number的input标签、一个output标签，当改变任何一个input时，触发oninput事件，把两个input标签的和输出到output标签中。for="a b"表示id为a的input标签和id为b的input标签参与了运算。

4.3.2　新增的表单属性

HTML 5的input标签新增了很多属性，用简单的一个属性可以实现以前复杂的JS验证。

1. autofocus 属性

autofocus属性规定在页面加载时，域自动地获得焦点。

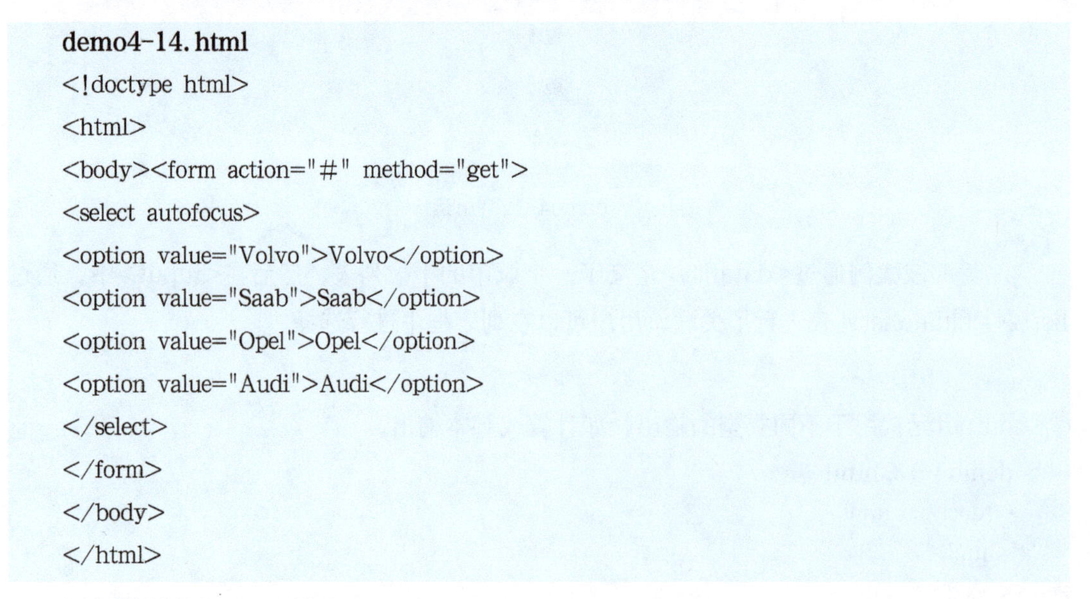

demo4-14. html

```
<!doctype html>
<html>
<body><form action="#" method="get">
<select autofocus>
<option value="Volvo">Volvo</option>
<option value="Saab">Saab</option>
<option value="Opel">Opel</option>
<option value="Audi">Audi</option>
</select>
</form>
</body>
</html>
```

运行结果如图4-14所示。

说明：在XHTML中，也存在autofocus属性，只不过不允许属性简写，autofocus属性必须定义为<select autofocus="autofocus">，在HTML 5中可以直接写为<select autofocus>。在运行结果中，可以看出下拉列表处于选中状态，获得了焦点。

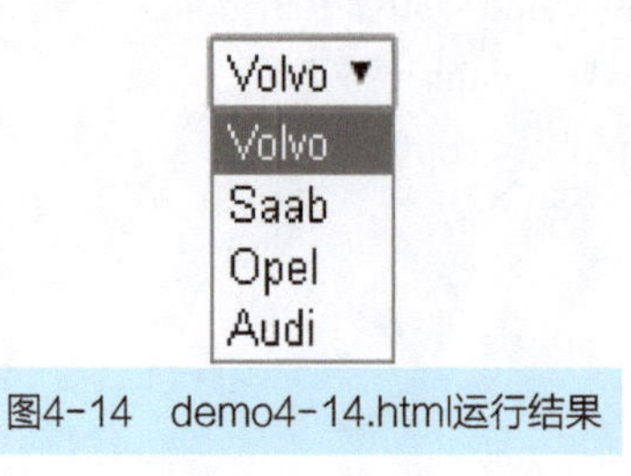

图4-14　demo4-14.html运行结果

2. form 属性

form属性规定输入域所属的一个或多个表单，需引用一个以上的表单，需使用空格分隔的列表。

demo4-15.html

```
<!doctype html>
<html>
<head>
<meta charset="utf-8">
</head>
<body>
<form action="#" id="form1">
First name：<input type="text" name="fname"><br>
<input type="submit" value="提交">
</form>
Last name：<input type="text" name="lname" form="form1">
</body>
</html>
```

运行结果如图4-15所示。

First name:
提交
Last name:

图4-15　demo4-15.html运行结果

说明：“Last name”字段没有在form表单之内，但它也是form表单的一部分。

3. formaction 属性

formaction属性用于描述表单提交的URL地址，formaction属性会覆盖form元素中的action属性，formaction属性用于type="submit"和type="image"。

demo4-16.html

```
<!doctype html>
<html>
<head>
<meta charset="utf-8">
</head>
<body>
<form action="http://www.baidu.com">
  First name：<input type="text" name="fname"><br>
  Last name：<input type="text" name="lname"><br>
  <input type="submit" value="百度"><br>
  <input type="submit" formaction="http://www.sina.com.cn" value="新浪">
```

```
</form>
</body>
</html>
```

运行结果如图4-16所示。

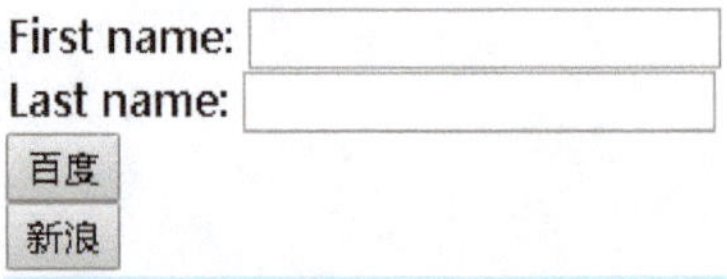

First name:
Last name:
百度
新浪

图4-16 demo4-16.html运行结果

说明：单击“百度”按钮，能打开百度主页，因为<form>的action属性为“http://www.baidu.com”，单击“新浪”按钮，能打开新浪主页，因为在这个提交按钮中设置了formaction的值为“http://www.sina.com.cn”，它覆盖了<form>中的action属性。

4. formmethod 属性

formmethod属性定义了表单提交的方式。formmethod属性覆盖了form元素的method属性。该属性可以与type= “submit”和type= “image”配合使用。

demo4-17.html

```
<!doctype html>
<html>
<head>
<meta charset="utf-8">
</head>
<body>
<form action="demo-form.php" method="get">
  First name：<input type="text" name="fname"><br>
  Last name：<input type="text" name="lname"><br>
  <input type="submit" value="提交">
   <input type="submit" formmethod="post" formaction="demo-post.php" value="使用POST 提交">
</form>
</body>
</html>
```

运行结果如图4-17所示。

First name:
Last name:
提交 使用 POST 提交

图4-17 demo4-17.html运行结果

说明：第一个提交按钮按照默认的get方式进行提交，第二个提交按钮按照post方式进行提交。

5. formnovalidate属性

formnovalidate属性用于描述input元素在表单提交时无须被验证。formnovalidate属性会覆盖form元素的novalidate属性。formnovalidate属性与type="submit"一起使用。

demo4-18.html

```
<!doctype html>
<html>
<head>
<meta charset="utf-8">
</head>
<body>
<form action="demo-form.php">
  E-mail：<input type="email" name="userid"><br>
  <input type="submit" value="提交"><br>
  <input type="submit" formnovalidate="formnovalidate" value="不验证提交">
</form>
</body>
</html>
```

运行结如图4-18所示。

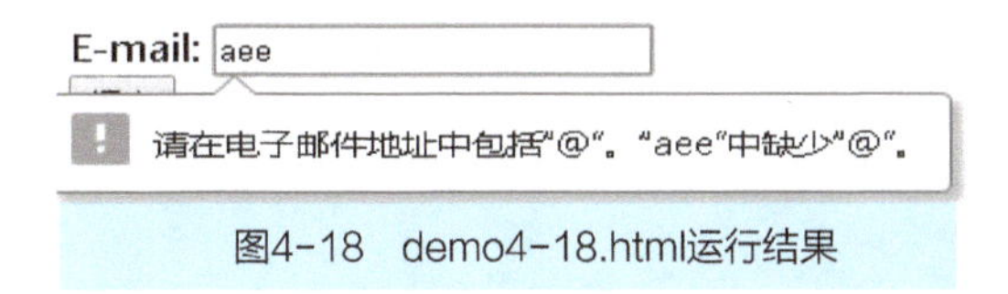

图4-18 demo4-18.html运行结果

说明：单击第一个提交按钮，如果email输入的格式有误，则弹出提示对话框，不可提交。单击第二个提交按钮，即使email输入格式有误，也可以正常提交。

6. formtarget属性

formtarget属性指定一个名称或一个关键字，用于指明表单提交数据接收后的展示，formtarget属性覆盖form元素的target属性。formtarget属性与type="submit"和type="image"配合使用。

demo4-19.html

```
<!doctype html>
<html>
<head>
<meta charset="utf-8">
</head>
<body>
```

```
<form action="demo-form.php">
  First name：<input type="text" name="fname"><br>
  Last name：<input type="text" name="lname"><br>
  <input type="submit" value="正常提交">
  <input type="submit" formtarget="_blank" value="提交到一个新的页面上">
</form>
</body>
</html>
```

运行结果如图4-19所示。

First name:
Last name:
正常提交 提交到一个新的页面上

图4-19 demo4-19.html运行结果

说明：单击“正常提交”按钮可以在当前页面中打开demo-form.php网页，单击“提交到一个新的页面上”按钮可以在新的页面中打开demo-form.php网页。

7. list 属性

list属性规定输入域的<datalist>。<datalist>是输入域的选项列表。

demo4-20.html

```
<!doctype html>
<html>
<head>
<meta charset="utf-8">
</head>
<body>
<form action="demo-form.php" method="get">
<input list="browsers" name="browser">
<datalist id="browsers">
  <option value="Internet Explorer">
  <option value="Firefox">
  <option value="Chrome">
  <option value="Opera">
  <option value="Safari">
</datalist>
<input type="submit" value="提交">
</form>
</body>
</htm>
```

运行结果如图4-20所示。

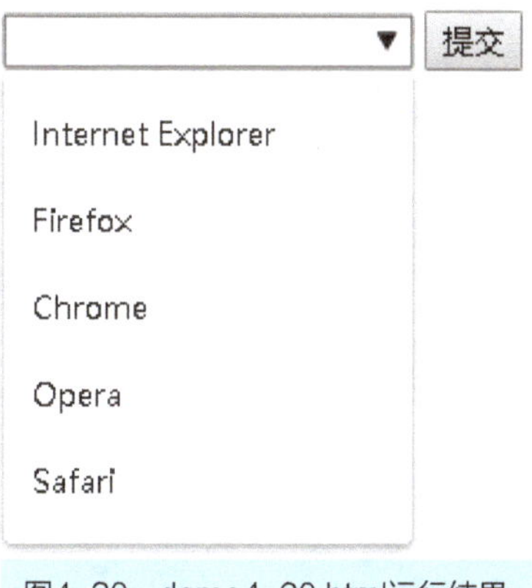

图4-20　demo4-20.html运行结果

说明：input标签通过list属性和datalist列表建立了关联。

8．min 和 max 属性

min和max属性用于为包含数字或日期的input类型设置限定（约束）。

demo4-21.html

```
<!doctype html>
<html>
<head>
<meta charset="utf-8">
</head>
<body>
<form action="demo-form.php">
 输入 1980-01-01 之前的日期：
  <input type="date" name="bday" max="1979-12-31"><br>
 输入 2000-01-01 之后的日期：
  <input type="date" name="bday" min="2000-01-02"><br>
  数量 （在1和5之间）：
  <input type="number" name="quantity" min="1" max="5"><br>
  <input type="submit" value="提交">
</form>
</body>
</html>
```

运行结果如图4-21所示。

说明：对于两个日期框和一个数字框，只能按照规定的要求输入，否则会提示错误。

输入 1980-01-01 之前的日期: 1971/02/02
输入 2000-01-01 之后的日期: 2001/03/21
数量 (在1和5之间): 5
提交

图4-21　demo4-21.html运行结果

9. placeholder属性

placeholder属性提供一种提示（hint），描述输入域所期待的值。简短的提示在用户输入值前会显示在输入域上。placeholder属性适用于以下类型的input标签：text、search、url、telephone、email及password。

demo4-22.html

```
<!doctype html>
<html>
<head>
<meta charset="utf-8">
</head>
<body>
<form action="demo-form.php">
  <input type="text" name="fname" placeholder="请输入姓名"><br>
  <input type="text" name="fphone" placeholder="请输入电话号码"><br>
  <input type="submit" value="提交">
</form>
</body>
</html>
```

运行结果如图4-22所示。

图4-22　demo4-22.html运行结果

4.4　案例——学生信息登记表界面

1. 案例描述

本章学习了表单元素及属性、新增的表单元素及属性。为了使初学者能够更好地运用表单组织页面，本节将通过案例的形式分步骤制作一个学生信息登记表界面。

2. 具体实现步骤

通过<form>对表单页面进行整体控制。

通过<h1>控制标题。

通过<p>控制每一行的学员信息模块。

通过<span>控制提示信息。

通过<input>控制表单控件。

3. 案例实现

demo4-23.html

```
<!doctype html>
<html>
<head>
<meta charset="utf-8">
</head>
<body>
    <form action="#" method="get" autocomplete="off">
     <h1>学生信息登记表</h1>
        <p><span>用户登录名：</span><input type="text" name="user_name" value="myemail@163.com" disabled readonly />（不能修改，只能查看）</p>
          <p><span>真实姓名：</span><input type="text" name="real_name" pattern="^[\u4e00-\u9fa5]{0,}$" placeholder="例如：王明" required autofocus/>（必须填写，只能输入汉字）</p>
         <p><span>真实年龄：</span><input type="number" name="real_lage" value="24" min="15" max="120" required/>（必须填写）</p>
        <p><span>出生日期：</span><input type="date" name="birthday" value="1990-10-1" required/>（必须填写）</p>
        <p><span>电子邮箱：</span><input type="email" name="myemail" placeholder="123456@126.com" required />（必须填写）</p>
       <p><span>身份证号：</span><input type="text" name="card" required pattern="^\d{8,18}|[0-9x]{8,18}|[0-9X]{8,18}?$"/>（必须填写，能够以数字、字母x结尾的短身份证号）</p>
           <p><span>手机号码：</span><input type="tel" name="telphone" pattern="^\d{11}$" required/>（必须填写）</p>
           <p><span>个人主页：</span><input type="url" name="myurl" list="urllist" placeholder="http://www.lctvu.sd.cn" pattern="^http://([\w-]+\.)+[\w-]+(/[\w-./?%&=]*)?$"/>（请选择网址）
        <datalist id="urllist">
        <option>http://www.lctvu.sd.cn</option>
        <option>http://www.baidu.com</option>
        <option>http://www.163.com</option>
           </datalist>
       </p>
       <p class="lucky"><span>幸运颜色：</span><input type="color" name="lovecolor" value="#f13cef"/>（请选择你喜欢的颜色）</p>
       <p class="btn">
          <input type="submit" value="提交"/>
    <input type="reset" value="重置"/>
```

```
        </p>
</form>
        </body>
</html>
```

运行结果如图4-23所示。

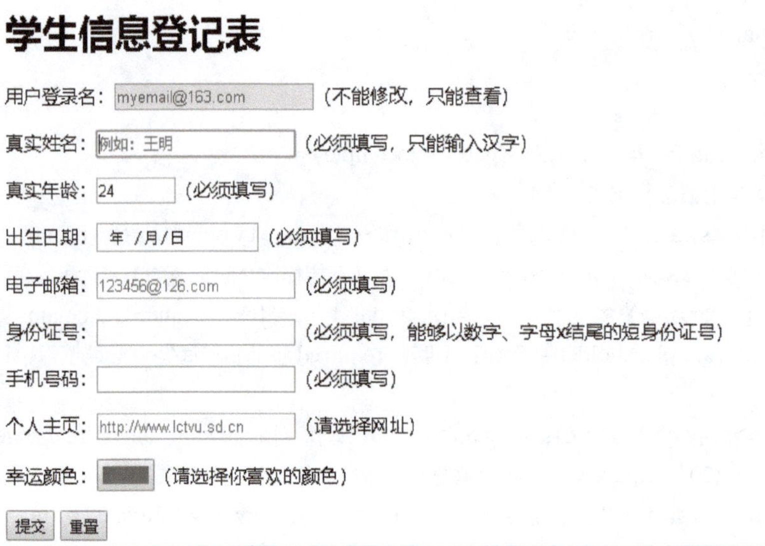

学生信息登记表

用户登录名：myemail@163.com （不能修改，只能查看）

真实姓名：例如：王明 （必须填写，只能输入汉字）

真实年龄：24 （必须填写）

出生日期：年 /月/日 （必须填写）

电子邮箱：123456@126.com （必须填写）

身份证号： （必须填写，能够以数字、字母x结尾的短身份证号）

手机号码： （必须填写）

个人主页：http://www.lctvu.sd.cn （请选择网址）

幸运颜色： （请选择你喜欢的颜色）

提交 重置

图4-23 demo4-23.html运行结果

4．说明

1）用户登录名的文本框属性disabled设置为readonly，该文本框不能写入。

2）在真实姓名文本框中，pattern="^[\u4e00-\u9fa5]{0,}$"设定该文本框只能输入汉字，placeholder="例如：王明"设定提示文本，required设定该文本框为必须输入框，autofocus设定运行页面时，自动获得焦点。

3）真实年龄文本框中，value="24" 为默认值是24，min="15" 为最小值是15，max="120"为最大值是120，required为该项为必须填写项。

4）在电子邮箱文本框中，placeholder="123456@126.com"设定邮箱的提示内容。

5）身份证号文本框中，pattern="^\d{8,18}|[0-9x]{8,18}|[0-9X]{8,18}?$"设定身份证号的输入格式。

6）手机号码文本框中，pattern="^\d{11}$" 设定手机号必须是11位数字，required设置手机号为必须填写项。

7）个人主页placeholder="http://www.lctvu.sd.cn" 设定个人主页的提示内容，pattern="^http://([\w-]+\.)+[\w-]+(/[\w-./?%&=]*)?$"设定个人主页的格式。list="urllist"设定个人主页的内容来源于id="urllist"的datalist标签。

本章小结

本章重点介绍了HTML 5中的一些表单元素及属性，包括表单输入元素input、列表框元素select、文本域输入元素textarea，新增的表单元素<datalist>和<output>以及<input>的新增属性。所有元素都配有相关的案例应用，最后通过一个学生信息登记界面案例对本章所学内容进行了综合应用。

动手做一做

学习完本章内容，一起来练习一下吧！

根据本章内容，完成一个学生英语培训报名系统，表单内容主要包含以下内容：用户名、密码、确认密码、手机号码（只能是11位数字）、电子邮箱（要有邮箱格式的验证）、所在系部（能从下拉列表中选择）、出生日期等。

第5章 CSS3 高级应用

【学习目标】

- 了解CSS3的发展历史以及主流浏览器的支持情况。
- 掌握CSS3基本选择器，能够运用CSS3选择器定义标记样式。
- 熟悉CSS3文本样式属性，能够运用相应的属性定义文本样式。
- 理解CSS3优先级，能够区分复合选择器权重的大小。
- 掌握CSS3伪类，会使用CSS3伪类实现超链接特效。
- 理解过渡属性，能够控制过渡时间、动画快慢等常见过渡效果。
- 掌握CSS3中的动画，能够熟练制作网页中常见的动画效果。

5.1 CSS3概述

CSS3是CSS（层叠样式表）技术的升级版本，于1999年开始制订。2001年5月23日，W3C完成了CSS3的规范草案，主要包括盒子模型、列表、超链接方式、语言、背景和边框、文字特效、多栏布局等模块。

CSS3规范的一个新特点就是被分为这若干个相互独立的模块。一方面，分成若干较小的模块较利于规范及时更新和发布、及时调整模块的内容，这些模块的独立实现和发布，也为日后CSS的扩展奠定了基础。另外一方面，由于受支持设备和浏览器厂商的限制，设备或者厂商可以有选择地支持一部分模块，支持CSS3的一个子集，这样有利于CSS3的推广。

CSS3 的浏览器支持

浏览器是网页运行的平台，目前常用的浏览器有IE、火狐（Firefox）、谷歌（Chrome）、Safari和Opera等，但是并不是所有的浏览器都完全支持CSS3。由于各浏览器厂商对CSS3各属性的支持程度不一样，因此在标准尚未明确的情况下，会用厂商的前缀加以区分，各主流浏览器都定义了自己的私有属性。主流浏览器的私有前缀见表5-1。

表 5-1　主流浏览器的私有前缀

内 核 类 型	相关浏览器	私 有 前 缀
Trident	IE8/IE9/IE10	-ms
Webkit	谷歌（Chrome）/Safari	-webkit
Gecko	火狐（Firefox）	-moz
Blink	Opera	-o

例如，CSS3渐变样式在Firefox和Safari中是不同的。Firefox使用-moz-linear-gradient，而Safari使用-webkit-gradient，这两种语法都使用了厂商类型的前缀。

需要注意的是，在使用有厂商前缀的样式时，也应该使用无前缀的样式。这样可以保证当浏览器移除了前缀，使用标准CSS3规范时，样式仍然有效。例如：

```
#example{
    -webkit-box-shadow: 0 3px 5px#FFF;
    -moz-box-shadow: 0 3px 5px#FFF;
    -o-box-shadow: 0 3px 5px#FFF;
    box-shadow: 0 3px 5px#FFF; /*无前缀的样式*/
}
```

5.2 CSS3基本选择器

CSS3选择器用于选择你想要的元素的样式的模式。CSS3基本选择器有ID选择器、类选择器和标记选择器。

5.2.1 ID选择器

ID选择器可以为标有特定ID的HTML元素指定特定的样式。

HTML元素以ID属性来设置ID选择器，CSS3中ID选择器以“#”来定义。

demo5-1.html

```
<!doctype html>
<html>
<head>
<meta charset="utf-8">
<title> demo5-1.html </title>
<style>
#para1
{
    text-align:right;
    color:red;
}
</style>
</head>
<body>
<p id="para1">Hello World!</p>
<p>这个段落不受该样式的影响。</p>
</body>
</html>
```

运行结果如图5-1所示。

Hello World!

这个段落不受该样式的影响。

图5-1 demo5-1.html运行结果

说明：样式规则para1应用于元素属性id="para1"。ID属性不要以数字开头，数字开头的ID在Mozilla或Firefox浏览器中不起作用。

5.2.2 类选择器

类选择器用于描述一组元素的样式，类选择器有别于ID选择器，类可以在多个元素中使用。

类选择器在HTML中以class属性表示，在CSS中，类选择器以一个点"."号显示。

demo5-2. html

```
<!doctype html>
<html>
<head>
<meta charset="utf-8">
<style>
.redcenter
{
    text-align:center;
    color:red;
}
</style>
</head>
<body>
<h1 class="redcenter">标题居中</h1>
<p class="redcenter">段落居中。</p>
<p>段落居中。</p>
</body>
</html>
```

运行结果如图5-2所示。

标题居中

段落居中。

段落居中。

图5-2 demo5-2.html运行结果

说明：所有具有redcenter类的标签均为红色居中，类名的第一个字符不能使用数字，它无法在Mozilla或Firefox浏览器中起作用。

5.2.3 标记选择器

HTML文档是由多个不同的标签组成的，标记选择器就是声明这些标记所采用的样式。例如，p选择器就是应用于声明页面中所有p标记的样式风格，同样也可以通过h1选择器来声明页面中所有h1标记的样式风格。

demo5-3.html

```
<!doctype html>
<html>
<head>
<style type="text/css">
html {color:black;}
p {color:blue; font-size:24px;}
h2 {color:silver;}
</style>
</head>
<body>
<h1>这是 heading 1</h1>
<h2>这是 heading 2</h2>
<p>这是一段普通的段落。</p>
</body>
</html>
```

运行结果如图5-3所示。

这是 heading 1

这是 heading 2

这是一段普通的段落。

图5-3 demo5-3.html运行结果

5.3 CSS3复合选择器

CSS3复合选择器就是两个或者多个基本选择器，通过不同方式连接而成的选择器，分为交集选择器、并集选择器、后代选择器和伪类。

5.3.1 交集选择器

交集选择器由两个选择器直接连接构成，其结果是选中二者各自元素范围的交集。其中，第一个选择器必须是标记选择器，第二个选择器必须是类选择器或者ID选择器，两个选择器之间不能有空格，必须连续书写。例如，h3.class{color:red;font-size:23px;}

demo5-4.html

```
<!doctype html>
<html>
<head>
<style type="text/css">
p.mys {
  font：28px Verdana；
  color：blue；
  background：red；
  }
</style>
</head>
<body>
<p class="mys">p.mys的样式</p>
<h1 class="mys">h1.mys的样式 </h1>
</body>
</html>
```

运行结果如图5-4所示。

p.mys的样式

h1.mys的样式

图5-4　demo5-4.html运行结果

说明：所有标记为p的mys类标签样式为红色背景、蓝色字体、28px字体大小，这是取p标记和mys类选择器的交集的结果。

5.3.2　并集选择器

并集选择器是多个基本选择器通过逗号连接而成的。并集选择器同时选中各个基本选择器所选择的范围，任何形式的选择器都可以。

语法：

```
h1,h2,h3 {color:red;font-size:23px;}
```

demo5-5.html

```
<!doctype html>
<html>
<head>
<style type="text/css">
h1,h2,p {
```

```
  font：28px Verdana；
  color：blue；
  background：red；
  }
</style>
</head>
<body>
<h1 >h1的样式 </h1>
<h2 >h2的样式 </h2>
<h3 >h3的样式 </h3>
<p>p的样式 </p>
</body>
</html>
```

运行结果如图5-5所示。

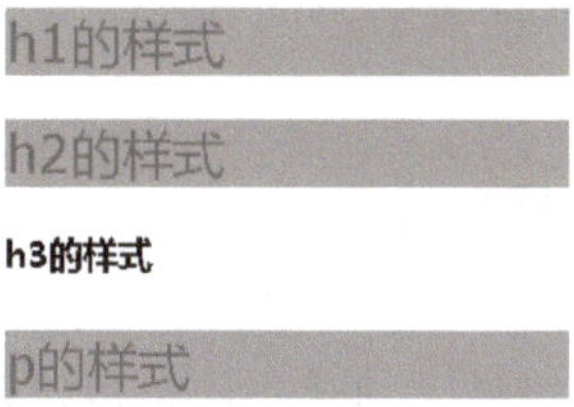

h1的样式

h2的样式

h3的样式

p的样式

图5-5 demo5-5.html运行结果

说明：所有标记为h1、h2、p的标签都显示为红色背景、蓝色字体、28px字体大小的字。

5.3.3 后代选择器

后代选择器又称为包含选择器，定义后代选择器来创建一些规则，使这些规则在某些文档结构中起作用，而在另外一些结构中不起作用。

demo5-6.html

```
<!doctype html>
<html>
<head>
<style type="text/css">
h1 em {color:red;}
</style>
</head>
<body>
<h1>这一段代 码<em>非常重要</em>，请同学们注意听讲</h1>
<p>这一段代 码<em>非常重要</em>，请同学们注意听讲.</p>
```

```
</body>
</html>
```

运行结果如图5-6所示。

这一段代 码*非常重要*，请同学们注意听讲

这一段代 码*非常重要*，请同学们注意听讲.

图5-6　demo5-6.html运行结果

说明：本案例中把作为h1元素后代的em元素的文本变为红色。其他em文本（如段落或块引用中的em）则不会被这个规则选中。

5.3.4　伪类

伪类用来添加一些选择器的特殊效果。

语法：

```
selector:pseudo-class {property:value;}
```

1. anchor 伪类

在支持CSS3的浏览器中，链接的不同状态都可以以不同的方式显示。

demo5-7.html

```
<!doctype html>
<html>
<head>
<meta charset="utf-8">
<style>
a:link {color:#000000;}         /* 未访问链接*/
a:visited {color:#00FF00;}  /* 已访问链接 */
a:hover {color:#FF00FF;}  /* 指针移动到链接上 */
a:active {color:#0000FF;}  /* 单击鼠标时 */
a.red:hover {color:red;}
</style>
</head>
<body>
<p><b><a href="#" target="_blank">这是一个链接</a></b></p>
<a class="red" href="#" target="_blank">指针放上后变成红色</a>
<p><b>注意：</b> a:hover必须在 a:link和a:visited之后，需要严格按顺序才能看到效果。
</p>
<p><b>注意：</b> a:active必须在a:hover之后。</p>
</body>
```

```
</html>
```

运行结果如图5-7所示。

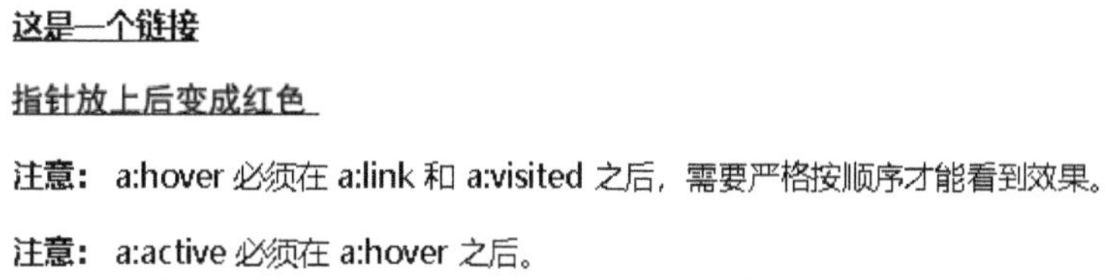

这是一个链接

指针放上后变成红色

注意： a:hover 必须在 a:link 和 a:visited 之后，需要严格按顺序才能看到效果。

注意： a:active 必须在 a:hover 之后。

图5-7 demo5-7.html运行结果

说明：a.red:hover {color:red;}是伪类可以与CSS类配合使用的情况，最后的效果是“指针放上后变成红色”这段文字在指针放上后变成红色。

2. first-child 伪类

使用first-child伪类来选择元素的第一个子元素。

demo5-8.html

```
<!doctype html>
<html>
<head>
<meta charset="utf-8">
<style>
p:first-child
{
    color:blue;
}
li > i:first-child
{
    color:red;
}
</style>
</head>
<body>
1. 匹配第一个p元素
<p>第一章.</p>
<p>第二章.</p>
<p>第三章.</p>
<p>第四章.</p>
<hr>
2. 匹配所有li元素中的第一个i元素
<ul>
  <li><i>第一节</i> html概述</li>
  <li><i>第二节</i> html标签</li>
```

```
    <li><i>第三节</i> <i> css样式</i> </li>
</ul>
<hr>
</body>
</html>
```

运行结果如图5-8所示。

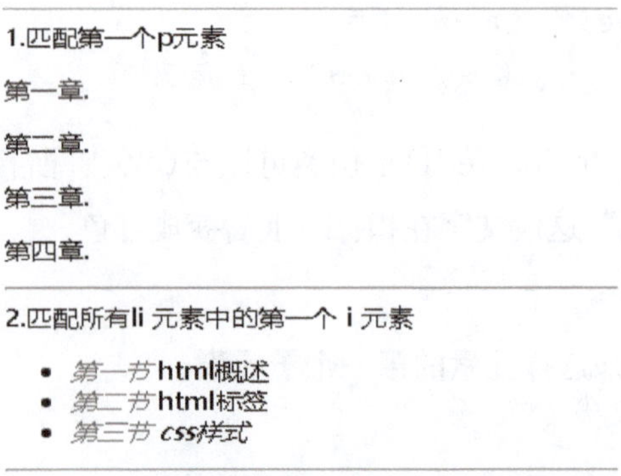

1.匹配第一个p元素

第一章.

第二章.

第三章.

第四章.

2.匹配所有li 元素中的第一个 i 元素

- *第一节* **html概述**
- *第二节* **html标签**
- *第三节 css样式*

图5-8　demo5-8.html运行结果

5.4　CSS3背景

CSS3中包含了几个新的背景属性，提供了更多背景元素控制。本节介绍以下背景属性：background-image，background-size和background-clip。

1. background-image 属性

CSS3中可以通过background-image属性添加背景图片。不同的背景图片用逗号隔开，所有的图片中，显示在最顶端的为第一张。

demo5-9. html

```
<!doctype html>
<html>
<head>
<meta charset="utf-8">
<style>
#example1 {
        background-image：url(tree.png)，url(mybg.png)；
        background-position：right bottom,left top；
        background-repeat：no-repeat，repeat；
        padding：20px；
}
```

```
</style>
</head>
<body>
<div id="example1">
<h1>CSS3教程</h1>
<p>CSS3中包含几个新的背景属性，提供更多背景元素控制.</p>
    <p>在本章将介绍以下背景属性：</p>
    <p>background-image, background-size, background-origin, background-clip.</p>
</div>
</body>
</html>
```

运行结果如图5-9所示。

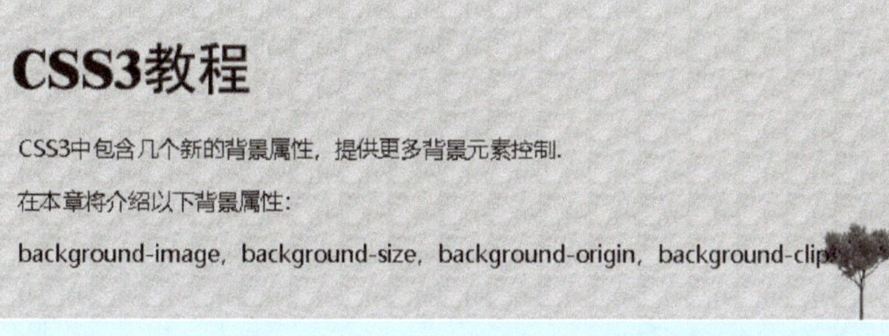

图5-9　demo5-9.html运行结果

说明：网页中有两个背景图片：tree.png和mybg.png，tree.png是向右向下对齐，mybg.png是向左向上对齐。tree.png背景不重复，mybg.png背景重复。

2. background-size 属性

background-size可以指定背景图像的大小。以前的CSS中，背景图像大小由图像的实际大小决定。CSS3中可以在不同的环境中指定背景图片的大小，可以按像素或百分比来指定，指定的百分比是相对于父元素的宽度和高度的百分比。

demo5-10.html

```
<!doctype html>
<html>
<head>
<meta charset="utf-8">
<style>
body
{
background:url(tree.png);
background-size:80px 60px;
background-repeat:no-repeat;
padding-top:40px;
}
```

```
</style>
</head>
<body>
<p>
Lorem ipsum，中文又称“乱数假文”，是指一篇常用于排版设计领域的拉丁文文章，主要的目的为测试文章或文字在不同字形、版式下看起来的效果。
</p>
<p>原始图片:<img src="tree.png"  alt="tree" ></p>
</body>
</html>
```

运行结果如图5-10所示。

Lorem ipsum，中文又称“乱数假文”，是指一篇常用于排版设计领域的拉丁文文章，主要的目的为测试文章或文字在不同字形、版型下看起来的效果。

原始图片: 

图5-10　demo5-10.html运行结果

3. background-clip 属性

background-clip可以指定绘制区的背景。

demo5-11.html

```
<!doctype html>
<html>
<head>
<meta charset="utf-8">
<style>
#example1 {
     border：10px dotted black；
     padding:25px；
     background：red；
     background-clip：border-box；
}
#example2 {
     border：10px dotted black；
    padding:25px；
    background：green；
    background-clip：padding-box；
}
#example3 {
     border：10px dotted black；
```

```
        padding:25px;
        background: yellow;
        background-clip: content-box;
    }
    </style>
    </head>
    <body>
    <p>背景从边框开始绘制(border-box):</p>
    <div id="example1">
    <h2>背景从边框开始绘制</h2>
    <p>背景从边框开始绘制背景从边框开始绘制背景从边框开始绘制背景从边框开始绘制.</p>
    </div>
    <p>背景从内边距框开始绘制（padding-box):</p>
    <div id="example2">
    <h2>背景从内边距框开始绘制（padding-box)</h2>
    <p>背景从内边距框开始绘制（padding-box)背景从内边距框开始绘制（padding-box)背景从内
边距框开始绘制（padding-box)</p>
    </div>
    <p>背景从内容框开始绘制（content-box):</p>
    <div id="example3">
    <h2>背景从内容框开始绘制（content-box)</h2>
    <p>背景从内容框开始绘制（content-box)背景从内容框开始绘制（content-box)背景从内容框开
始绘制（content-box)</p>
    </div>
    </body>
    </html>
```

运行结果如图5-11所示。

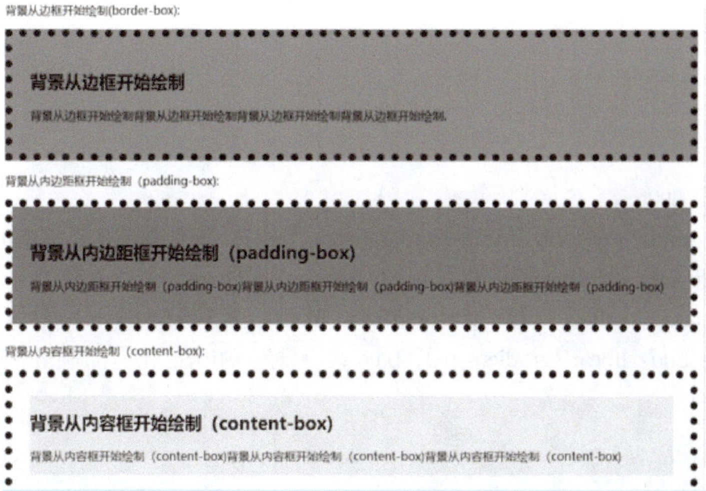

背景从边框开始绘制(border-box):

背景从边框开始绘制

背景从边框开始绘制背景从边框开始绘制背景从边框开始绘制背景从边框开始绘制.

背景从内边距框开始绘制（padding-box):

背景从内边距框开始绘制（padding-box)

背景从内边距框开始绘制（padding-box)背景从内边距框开始绘制（padding-box)背景从内边距框开始绘制（padding-box)

背景从内容框开始绘制（content-box):

背景从内容框开始绘制（content-box)

背景从内容框开始绘制（content-box)背景从内容框开始绘制（content-box)背景从内容框开始绘制（content-box)

图5-11　demo5-11.html运行结果

说明：background-clip有三个选项：border-box、padding-box和content-box。

border-box表示从边框开始绘制背景（从边框位置开始裁剪）。

padding-box表示从内边距框开始绘制背景（从内边距位置开始裁剪）。

content-box表示从内容框开始绘制背景（从内容框位置开始裁剪）。

5.5 CSS3渐变

CSS3渐变（Gradients）可以使两个或多个指定的颜色之间显示出平稳的过渡效果。

以前的CSS中，必须使用图像来实现这些效果。在CSS3中，可以使用渐变来实现。此外，渐变效果的元素在放大后的视觉效果更好，因为渐变效果是由浏览器生成的。

CSS3定义了两种类型的渐变：

线性渐变（Linear Gradients）——向下/向上/向左/向右/对角方向。

径向渐变（Radial Gradients）——由它们的中心定义。

1．线性渐变

创建一个线性渐变，至少定义两种颜色结点。颜色结点即想要呈现平稳过渡的颜色。同时也可以设置一个起点和一个方向（或一个角度）。

语法：

```
background：linear-gradient(direction，color-stop1，color-stop2，...)；
```

demo5-12.html

```
<!doctype html>
<html>
<head>
<meta charset="utf-8">
<style>
#grad1 {
    height：200px；
    background：-webkit-linear-gradient(red，blue)；/* Safari 5.1 - 6.0 */
    background：-o-linear-gradient(red，blue)；/* Opera 11.1 - 12.0 */
    background：-moz-linear-gradient(red，blue)；/* Firefox 3.6 - 15 */
    background：linear-gradient(red，blue)；/* 标准的语法（必须放在最后） */
}
</style>
</head>
<body>
```

```
<h3>线性渐变-从上到下</h3>
<p>从顶部开始的线性渐变。起点是红色，慢慢过渡到蓝色：</p>
<div id="grad1"></div>
</body>
</html>
```

运行结果如图5-12所示。

图5-12 demo5-12.html运行结果

说明：若不定义direction，则默认为从上至下渐变。

2. 径向渐变

径向渐变由它的中心定义。为了创建一个径向渐变，必须至少定义两种颜色结点。颜色结点即想要呈现平稳过渡的颜色。同时，也可以指定渐变的中心、形状（圆形或椭圆形）、大小。默认情况下，渐变的中心是center（表示在中心点），渐变的形状是ellipse（表示椭圆形），渐变的大小是farthest-corner（表示到最远的角落）。

语法：

background：radial-gradient(*center*，*shape size*，*start-color*，...，*last-color*)；

默认情况下颜色结点均匀分布。

demo5-13.html

```
<!doctype html>
<html>
<head>
<meta charset="utf-8">
<style>
#grad1 {
    height：150px；
    width：200px；
    background：-webkit-radial-gradient(red，green，blue)；/* Safari 5.1 - 6.0 */
    background：-o-radial-gradient(red，green，blue)；/* Opera 11.6 - 12.0 */
    background：-moz-radial-gradient(red，green，blue)；/* Firefox 3.6 - 15 */
    background：radial-gradient(red，green，blue)；/* 标准的语法（必须放在最后） */
}
```

```
</style>
</head>
<body>
<h3>径向渐变-颜色结点均匀分布</h3>
<div id="grad1"></div>
<p><strong>注意：</strong> Internet Explorer 9及之前的版本不支持渐变。</p>
</body>
</html>
```

运行结果如图5-13所示。

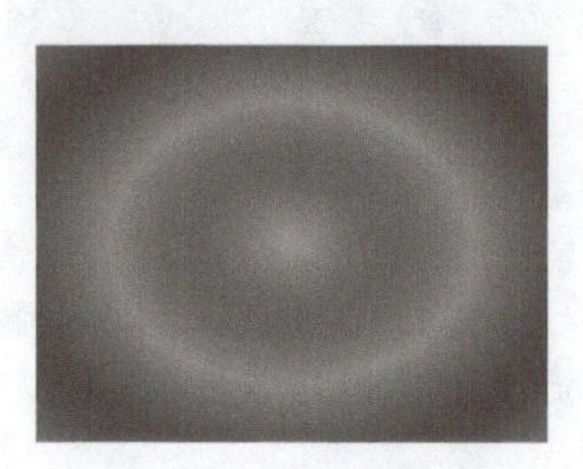

图5-13　demo5-13.html运行结果

5.6　CSS3过渡

CSS3中，可以从一种样式转变到另一种样式，无须使用Flash动画或JavaScript，可以利用CSS3的过渡效果直接实现。

要实现过渡效果，必须指定两项内容：

- 指定要添加效果的CSS属性。
- 指定效果的持续时间。

CSS3过渡属性见表5-2。

表5-2　CSS3过渡属性

属　性	描　述
transition	简写属性，用于在一个属性中设置4个过渡属性
transition-property	规定应用过渡的CSS属性的名称
transition-duration	定义过渡效果花费的时间，默认是0
transition-timing-function	规定过渡效果的时间曲线，默认是"ease"
transition-delay	规定过渡效果何时开始，默认是0

demo5-14.html

```
<!doctype html>
<html>
<head>
<meta charset="utf-8">
<style>
div
{
    width:100px;
    height:100px;
    background:red;
    transition:width 2s;
    -webkit-transition:width 2s; /* Safari */
}
div:hover
{
    width:300px;
}
</style>
</head>
<body><p><b>注意：</b>该实例无法在Internet Explorer9及更早IE版本上工作。</p>
<div></div>
<p>指针移动到div元素上，查看过渡效果。</p>
</body>
</html>
```

运行结果如图5-14所示。

注意： 该实例无法在 Internet Explorer 9 及更早 IE 版本上工作。

指针移动到 div 元素上，查看过渡效果。

图5-14 demo5-14.html运行结果

说明：div:hover指定了指针放上去后的样式，transition:width 2s指定了持续时间是2s。

demo5-15.html

```
<!doctype html>
<html>
<head>
```

```
<meta charset="utf-8">
<style>
div {
    width: 100px;
    height: 100px;
    background: red;
    -webkit-transition: width 2s, height 2s, -webkit-transform 2s; /* For Safari 3.1 to
6.0 */
    transition: width 2s, height 2s, transform 2s;
}
div:hover {
    width:200px;
    height: 200px;
    -webkit-transform: rotate(180deg); /* Chrome, Safari, Opera */
    transform: rotate(180deg);
}
</style>
</head>
<body>
<p><b>注意:</b>该实例无法在Internet Explorer 9及更早IE版本上工作。</p>
<div>指针移动到div元素上，查看过渡效果。</div>
</body>
</html>
```

运行结果如图5-15所示。

注意：该实例无法在 Internet Explorer 9 及更早 IE 版本上工作。

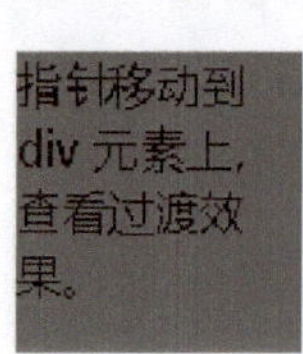

图5-15　demo5-15.html运行结果

说明：transform：rotate(180deg)表示顺时针旋转180度。

demo5-16. html

```
<!doctype html>
<html>
<head>
<meta charset="utf-8">
<style>
div
{
```

```
    width:100px;
    height:100px;
    background:red;
    transition-property:width;
    transition-duration:1s;
    transition-timing-function:linear;
    transition-delay:2s;
    /* Safari */
    -webkit-transition-property:width;
    -webkit-transition-duration:1s;
    -webkit-transition-timing-function:linear;
    -webkit-transition-delay:2s;
}
div:hover
{
    width:200px;
}
</style>
</head>
<body>
<p><b>注意：</b>该实例无法在Internet Explorer 9及更早IE版本上工作。</p>
<div></div>
<p>指针移动到div元素上，查看过渡效果。</p>
<p><b>注意：</b>过渡效果需要等待两秒后才开始。</p>
</body>
</html>
```

运行结果如图5-16所示。

注意：该实例无法在 Internet Explorer 9 及更早 IE 版本上工作。

指针移动到 div 元素上，查看过渡效果。

注意：过渡效果需要等待两秒后才开始。

图5-16　demo5-16.html运行结果

说明：过渡效果需要等待2秒后才开始，demo5-16.html中的4个transition属性等同于transition:width 1s linear 2s。

5.7 CSS3动画

CSS3能够创建动画，这可以在许多网页中取代动画图片、Flash动画以及JavaScript。

@keyframes规则用于创建动画。在@keyframes中规定某项CSS样式，就能创建由当前样式逐渐改为新样式的动画效果。@keyframes规则和所有动画属性见表5-3。

表5-3 @keyframes规则和所有动画属性

属　性	描　述
@keyframes	规定动画
animation	所有动画属性的简写属性，除了animation-play-state属性
animation-name	规定@keyframes动画的名称
animation-duration	规定动画完成一个周期所花费的秒或毫秒，默认是0
animation-timing-function	规定动画的速度曲线，默认是"ease"
animation-delay	规定动画何时开始，默认是0
animation-iteration-count	规定动画被播放的次数，默认是1
animation-direction	规定动画是否在下一周期逆向地播放，默认是"normal"
animation-play-state	规定动画是否正在运行或暂停，默认是"running"

demo5-17.html

```
<!doctype html>
<html>
<head>
<meta charset="utf-8">
<style>
div
{
    width:100px;
    height:100px;
    background:red;
    animation-name: myfirst;
    animation-duration: 5s;
    -webkit-animation-name: myfirst;
    -webkit-animation-duration: 5s; /* Safari and Chrome */
```

```
}
@keyframes myfirst
{
  from {background:red;
      width:100px;
      height: 100px;
  }
  to {background:yellow;
      width: 200px;
      height: 200px;
  }
}
@-webkit-keyframes myfirst /* Safari and Chrome */
{
  from {background:red;
      width:100px;
      height: 100px;
  }
  to {background:yellow;
      width: 200px;
      height: 200px;
  }
}
</style>
</head>
<body>
<p><b>注意:</b> 该实例在 Internet Explorer 9 及更早 IE 版本是无效的。</p>
<div></div>
</body>
</html>
```

运行结果如图5-17所示。

图5-17 demo5-17.html运行结果

说明：通过@keyframes设定了动画的样式myfirst，from设定开始的样式，to设定结束的样式。在div中通过animation:myfirst 5s设定div使用的动画是myfirst，持续时间是5s。所以该动画最终效果是从宽100px、高100px、背景是红色的正方形变化成宽200px、高200px、背景是黄色的正方形，动画持续时间是5s。如果省略了持续时间，动画将无法运行，因为默认值是0。animation-name: myfirst;和animation-duration: 5s;这两行代码可以用animation:myfirst 5s这一行代码来替代。

5.8 案例——春夏秋冬景色变换

1. 考核知识点

- CSS3复合选择器。
- CSS3背景。
- CSS3渐变。
- CSS3过渡。
- CSS3动画。

2. 练习目标

掌握CSS3复合选择器的应用。
掌握CSS3背景属性。
掌握CSS3渐变属性。
掌握CSS3过渡属性。
掌握CSS3动画属性。

3. 需求分析

本章讲解了CSS3中的复合选择器、背景、渐变、过渡、动画等应用。为了更好地理解这些应用，并能够熟练运用相关属性实现元素的过渡、平移、缩放、倾斜、旋转及动画等特效，本节将综合运用所学内容，制作春夏秋冬景色变换的主题页面，效果如图5-18所示。

当指针移到网页中的圆形季节图标上时，图标中的图片将会变亮，效果如图5-19所示。

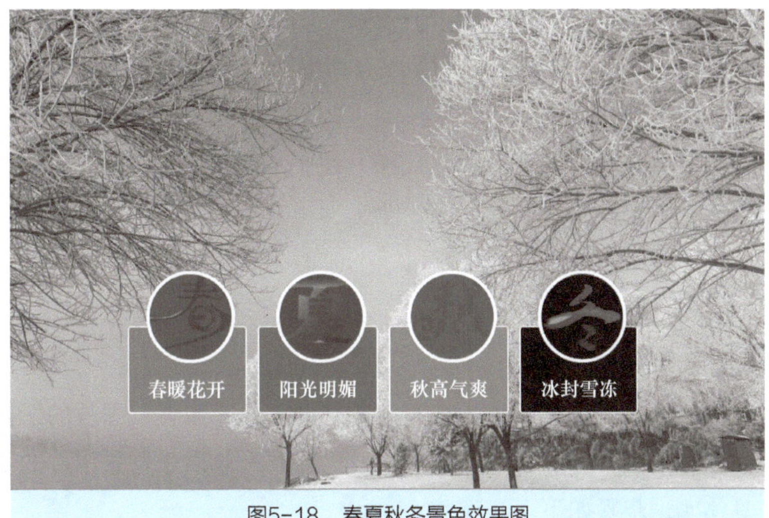

图5-18 春夏秋冬景色效果图

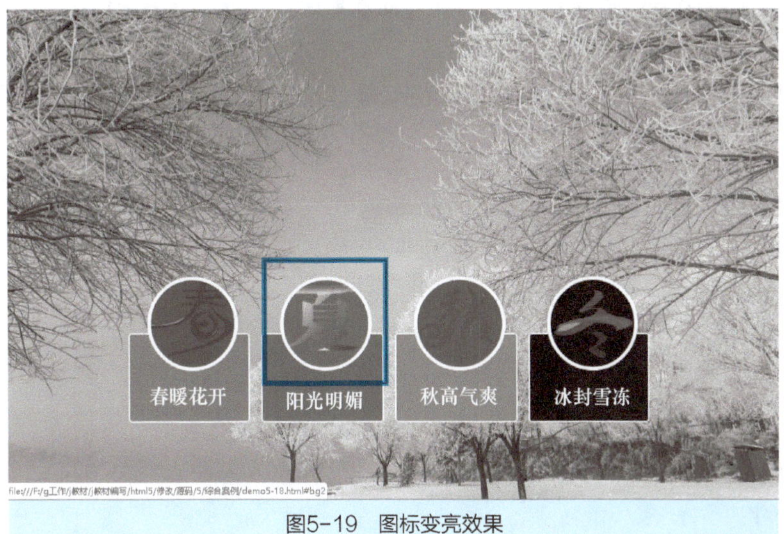

图5-19 图标变亮效果

当单击网页中的季节图标时，网页中背景图片将发生改变，且切换背景图片时会产生不同的动画效果。

4. 结构分析

观察图5-18不难看出，整个页面可以分为背景图片和季节图标两部分，这两部分内容均嵌套在<section>内部，其中背景图片模块由<img>定义。季节图标模块整体上由无序列表<ul>布局，并由<li>嵌套<a>构成，每个<a>代表季节图标中的圆角矩形模块。

5. 样式分析

样式主要分为6个部分，具体如下：

1）整体控制背景图片的样式，需要对其设置宽高为100%，固定定位、层叠性最低。

2）整体控制<ul>，需要设置宽度100%，绝对定位方式、文字居中及层叠性最高。

3）控制每个<li>的样式，需要转化为行内块元素，并设置宽高、外边距样式。

4）控制每个<a>的样式，需要设置文本及边框样式，并设置为相对定位。另外，需要单独控制每个<a>的背景色。

5）通过:after伪元素选择器在<a>之后插入四张不同的季节图片，设置为圆形图标。同时，使用绝对定位方式控制其位置、层叠性。

6）通过:before伪元素选择器为圆形图标添加不透明度并设置指针移上时的不透明度为0。

6. 动画分析

设置第一张背景图片的切换效果为从左向右移动；第二张背景图片的切换效果为从下向上移动；第三张背景图片的切换效果为由小变大展开；第四张背景图片的切换效果为由大变小缩小。具体实现步骤如下：

1）通过@keyframes属性分别设置第一张背景图片切换时的动画效果，并分别设置元素在0%和100%处的动画状态。

2）通过使用:target选择器控制animation属性来定义背景图片切换动画播放的时间和次数。

7. 制作页面结构

HTML相应的网页结构如下所示。

demo5-18.html

```
<!doctype html>
<html>
<head>
<meta charset="utf-8">
<title>一年四季特点</title>
<link rel="stylesheet" href="style.css">
</head>
<body>
<section>
    <ul class="slider">
        <li><a href="#bg1">春暖花开</a></li>
        <li><a href="#bg2">阳光明媚</a></li>
        <li><a href="#bg3">秋高气爽</a></li>
        <li><a href="#bg4">冰封雪冻</a></li>
    </ul>
    <img src="images/bg1.jpg" alt="春天" class="bg slideLeft" id="bg1" />
```

```
        <img src="images/bg2.jpg" alt="夏天" class="bg slideBottom" id="bg2" />
        <img src="images/bg3.jpg" alt="秋天" class="bg zoomIn" id="bg3" />
        <img src="images/bg4.jpg" alt="冬天" class="bg zoomOut" id="bg4" />
</section>
</body>
</html>
```

最外层使用<section>对页面进行整体控制。另外，定义class为slider的<ul>来分别搭建季节图标模块的结构。同时，通过<li>控制每一个具体的季节图标，并嵌套<a>来制作季节图标中的圆角矩形模块。分别添加4个<img>来搭建背景图片的结构。

8. 定义CSS样式

搭建完页面结构后，接下来为页面添加样式，该样式是引用的外部样式style.css。

(1) 定义基础样式　首先定义页面全局样式，具体代码如下：

```
/*重置浏览器的默认样式*/
body, ul, li, p, h1, h2, h3,img {margin:0; padding:0; border:0; list-style:none;}
/*全局控制*/
body{font-family:'微软雅黑';}
a:link,a:visited{text-decoration:none;}
```

(2) 控制背景图片的样式　制作页面结构时，将4个<img>定义为同一个类名bg来实现对网页背景图片的统一控制。通过CSS样式设置其宽度为100%显示，高度自适应显示，并设置"min-width"为1024px。另外，设置背景图片依据浏览器窗口来定义自己的显示位置，同时定义层叠性为1，具体代码如下：

```
img.bg {
  width: 100%;
  height: auto !important;
  min-width: 1024px;
  position: fixed;  /*固定定位*/
  z-index:1;          /*设置z-index层叠等级为1;*/
}
```

(3) 整体控制每个季节图标的样式　页面上包含4个样式相同的天气图标，分别由4个<li>搭建结构。由于4个季节图标在一行内并列显示，需要将<li>转为行内块元素并设置宽高属性。另外，为了使各个季节图标间拉开一定的距离，需要设置合适的外边距，具体代码如下：

```
.slider {
  position: absolute;
  bottom: 100px;
  width: 100%;
  text-align: center;
  z-index:9999;    /*设置z-index层叠等级为9999;*/
```

```
}
/*整体控制每个季节图标的样式*/
.slider li {
  display: inline-block;    /*将块元素转为行内块元素*/
  width: 170px;
  height: 130px;
  margin-right: 15px;
}
```

（4）绘制季节图标的圆角矩形　每个季节图标由一个圆形图标和一个圆角矩形组成。对于圆角矩形模块，可以将<a>转为行内块元素来设置宽度和不同的背景色，并且通过边框属性设置圆角效果。另外，由于每个圆角矩形模块中都包含说明性的文字，需要设置文本样式，并通过text-shadow属性设置文字阴影效果。此外，圆形图标需要依据圆角矩形进行定位，所以将圆角矩形设置为相对定位，具体代码如下：

```
/*绘制每个季节图标的圆角矩形模块*/
.slider a {
    width: 170px;
    font-size:22px;
    color:#fff;
    display:inline-block;
    padding-top:70px;
    padding-bottom:20px;
    border:2px solid #fff;
    border-radius:5px; /*设置圆角边框*/
    position: relative;/*相对定位*/
    cursor:pointer;       /* 光标呈现为指示链接的手形指针*/
    text-shadow:-1px -1px 1px rgba(0, 0, 0, 0.8),-2px -2px 1px rgba(0, 0, 0, 0.3),-3px
-3px 1px rgba(0, 0, 0, 0.3);
}
/*控制每个季节图标圆角矩形的背景色*/
.slider li:nth-of-type(1) a {background-color:#9d907f;}
.slider li:nth-of-type(2) a {background-color:#159643;}
.slider li:nth-of-type(3) a {background-color:#aca205;}
.slider li:nth-of-type(4) a {background-color:#00090e;}
```

（5）设置季节图标的圆形图标　季节图标的圆形图标，是将季节图片设置为圆角效果形成的，所以需要在结构中插入季节图片。首先，使用after伪元素，可以在<a>之后插入季节图片。然后，通过CSS3中的边框属性设置季节图片显示为圆形。最后，设置圆形季节图标相对于圆角矩形模块绝对定位，具体代码如下：

```
/* 设置after伪元素选择器的样式*/
.slider a::after {
  content:"";
  display: block;
  height: 120px;
  width: 120px;
  border: 5px solid #fff;
  border-radius: 50%;
  position: absolute;  /*相对于<a>绝对定位*/
  left: 50%;
  top: -80px;
  z-index: 9999; /*设置z-index层叠等级为9999;*/
  margin-left: -60px;

}
 /* 使用after伪元素在<a>之后插入内容*/
.slider li:nth-of-type(1) a::after {
  background:url(images/sbg1.jpg) no-repeat center;
}
.slider li:nth-of-type(2) a::after {
  background:url(images/sbg2.jpg) no-repeat center;
}
.slider li:nth-of-type(3) a::after {
  background:url(images/sbg3.jpg) no-repeat center;
}
.slider li:nth-of-type(4) a::after {
  background:url(images/sbg4.jpg) no-repeat center;
}
```

（6）设置圆形季节图标指针移上状态　当指针移至网页中的季节图标上时，季节图标中的图片将会变亮，需要使用before伪元素在<a>之前插入一个和圆形天气图标大小、位置相同的盒子，并且设置其背景的不透明度为0.3，当指针移上时，将其不透明度设置为0，以实现图片变亮的效果，具体代码如下：

```
/*设置before伪元素选择器的样式*/
.slider a::before {
  content:"";
  display: block;
  height: 120px;
  width: 120px;
  border: 5px solid #fff;
```

```
    border-radius: 50%;
    position: absolute;    /*相对于<a>绝对定位*/
    left: 50%;
    top: -80px;
    margin-left: -60px;
    z-index: 99999;    /*设置z-index层叠等级为9999;*/
    background: rgba(0,0,0,0.3);
  }
  .slider a:hover::before {opacity:0;}
```

（7）设置第一个背景图切换的动画效果　第一个背景图切换效果为从左向右移动，可以通过@keyframes属性设置元素在0%和100%处的left属性值，指定当前关键帧在应用动画过程中的位置。另外，使用:target选择器控制animation属性定义单击链接时执行1s播放完成1次切换动画。同时设置其z-index层叠性为100，具体代码如下：

```
/*控制第一个背景图切换的动画效果*/
@keyframes 'slideLeft' {
    0% { left: -500px; }
    100% { left: 0; }
}
@-webkit-keyframes 'slideLeft' {
    0% { left: -500px; }
    100% { left: 0; }
}
@-moz-keyframes 'slideLeft' {
    0% { left: -500px; }
    100% { left: 0; }
}
@-o-keyframes 'slideLeft' {
    0% { left: -500px; }
    100% { left: 0; }
}
@-ms-keyframes 'slideLeft' {
    0% { left: -500px; }
    100% { left: 0; }
}
/*当单击链接时，为所链接到的内容指定样式*/
.slideLeft:target {
    z-index: 100;
    animation: slideLeft 1s 1;
```

```
    -webkit-animation: slideLeft 1s 1;
    -moz-animation: slideLeft 1s 1;
    -ms-animation: slideLeft 1s 1;
    -o-animation: slideLeft 1s 1;
}
```

（8）设置第二个背景图切换的动画效果　第二个背景图片切换效果为下向上移动，可以通过@keyframes属性设置元素在0%和100%处的top属性值，指定当前关键帧在应用动画过程中的位置。另外，使用:target选择器控制animation属性来定义单击链接时切换动画播放的时间和次数，具体代码如下：

```
/*控制第二个背景图切换的动画效果*/
@keyframes 'slideBottom' {
    0% { top: 350px; }
    100% { top: 0; }
}
@-webkit-keyframes 'slideBottom' {
    0% { top: 350px; }
    100% { top: 0; }
}
@-moz-keyframes 'slideBottom' {
    0% { top: 350px; }
    100% { top: 0; }
}
@-ms-keyframes 'slideBottom' {
    0% { top: 350px; }
    100% { top: 0; }
}
@-o-keyframes 'slideBottom' {
    0% { top: 350px; }
    100% { top: 0; }
}
/*当单击链接时，为所链接到的内容指定样式*/
.slideBottom:target {
    z-index: 100;      /*设置z-index层叠等级100;*/
    /*定义动画播放时间和次数*/
    animation: slideBottom 1s 1;
    -webkit-animation: slideBottom 1s 1;
    -moz-animation: slideBottom 1s 1;
```

```
    -ms-animation: slideBottom 1s 1;
    -o-animation: slideBottom 1s 1;
}
```

(9) 设置第三个背景图切换的动画效果　第三个背景图片切换效果为由小变大展开，需要通过@keyframes属性设置元素在0%处的动画状态为元素缩小为10%；100%处的动画状态为元素正常显示。并且，使用animation属性来定义单击链接时切换动画播放的时间和次数，具体代码如下：

```
/*控制第三个背景图切换的动画效果*/
@keyframes 'zoomIn' {
    0% { -webkit-transform: scale(0.1); }
    100% { -webkit-transform: none; }
}
@-webkit-keyframes 'zoomIn' {
    0% { -webkit-transform: scale(0.1); }
    100% { -webkit-transform: none; }
}
@-moz-keyframes 'zoomIn' {
    0% { -moz-transform: scale(0.1); }
    100% { -moz-transform: none; }
}
@-ms-keyframes 'zoomIn' {
    0% { -ms-transform: scale(0.1); }
    100% { -ms-transform: none; }
}
@-o-keyframes 'zoomIn' {
    0% { -o-transform: scale(0.1); }
    100% { -o-transform: none; }
}
/*当单击链接时，为所链接到的内容指定样式*/
.zoomIn:target {
    z-index: 100;      /*设置z-index层叠等级为100;*/
    animation: zoomIn 1s 1;
    -webkit-animation: zoomIn 1s 1;
    -moz-animation: zoomIn 1s 1;
    -ms-animation: zoomIn 1s 1;
    -o-animation: zoomIn 1s 1;
}
```

(10) 设置第四个背景图切换的动画效果　第四个背景图片切换效果为由大变小缩放，需要通过@keyframes属性设置元素在0%处的动画状态为元素放大两倍，100%处的动画状态为元素正常显示，具体代码如下：

```
/*控制第四个背景图切换的动画效果*/
@keyframes 'zoomOut' {
    0% { -webkit-transform: scale(2); }
    100% { -webkit-transform: none; }
}
@-webkit-keyframes 'zoomOut' {
    0% { -webkit-transform: scale(2); }
    100% { -webkit-transform: none; }
}
@-moz-keyframes 'zoomOut' {
    0% { -moz-transform: scale(2); }
    100% { -moz-transform: none; }
}
@-ms-keyframes 'zoomOut' {
    0% { -ms-transform: scale(2); }
    100% { -ms-transform: none; }
}
@-o-keyframes 'zoomOut' {
    0% { -o-transform: scale(2); }
    100% { -o-transform: none; }
}
/*当单击链接时，为所链接到的内容指定样式*/
.zoomOut:target {
    z-index: 100;     /*设置z-index层叠等级100;*/
    animation: zoomOut 1s 1;
    -webkit-animation: zoomOut 1s 1;
    -moz-animation: zoomOut 1s 1;
    -ms-animation: zoomOut 1s 1;
    -o-animation: zoomOut 1s 1;
}
```

(11) 实现背景图交互性切换效果　为了使背景图可以有序地进行切换，需要排除当前单击链接时的元素，并为其他元素执行1s播放完成1次的背景切换动画。另外，通过@keyframes属性定义元素在0%和100%处的层叠性，设置单击链接后的背景图处于当前背景图片的下一层，实现背景图交互性切换效果，具体代码如下：

```
@keyframes 'notTarget' {
    0% { z-index: 75; }            /*动画开始时的状态*/
    100% { z-index: 75; }          /*动画结束时的状态*/
}
@-webkit-keyframes 'notTarget' {
    0% { z-index: 75; }
    100% { z-index: 75; }
}
@-moz-keyframes 'notTarget' {
    0% { z-index: 75; }
    100% { z-index: 75; }
}
@-ms-keyframes 'notTarget' {
    0% { z-index: 75; }
    100% { z-index: 75; }
}
@-o-keyframes 'notTarget' {
    0% { z-index: 75; }
    100% { z-index: 75; }
}
/*排除target元素指定动画样式*/
.bg:not(:target) {
    animation: notTarget 1s 1;
    -webkit-animation: notTarget 1s 1;
    -moz-animation: notTarget 1s 1;
    -ms-animation: notTarget 1s 1;
    -o-animation: notTarget 1s 1;
}
```

本 章 小 结

本章重点介绍了CSS3中的一些高级特性，如基本选择器、复合选择器、背景、渐变、过渡、动画等。针对每一个特性都有对应的案例进行介绍，最后的综合案例基本上涵盖了所讲的全部内容。通过本章的学习，学生能够熟练运用相关属性实现元素的过渡、平移、缩放及动画等特效。

学习完本章内容，一起来练习一下吧！

根据本章学习的内容，实现一个幻灯片效果，要求4张图片轮流播放，效果如图5-20所示。

图5-20　幻灯片效果图

第 6 章 浮动与定位

【学习目标】

- 了解浮动的概念。
- 了解定位的概念。
- 掌握浮动的设置方式及其特点。
- 掌握常用的几种定位方式，并了解每种定位方式的特性。
- 能够利用浮动进行元素设置。
- 能够利用定位方式进行元素设置。

6.1 浮动

在网页制作过程中，经常会遇到一些页面布局的问题。为了能够让页面布局更加灵活和多样化，引入了浮动和定位的概念。首先，对于浮动的概念、设置和案例实现进行学习。

6.1.1 浮动的概念

什么是浮动？CSS的浮动，会使元素向左或向右移动，其周围的元素也会重新排列。但元素只能进行水平浮动，即向左或向右移动，而无法进行垂直浮动，即无法向上或向下移动。浮动有以下几种特点：

- 一个浮动元素会尽量向左或向右移动，直到它的外边缘碰到包含框或另一个浮动框的边框。
- 浮动元素之后的元素将围绕它排列。
- 浮动元素之前的元素将不会受到影响。
- 浮动元素不在文档的普通流中，所以文档中普通流里的块表现得就像浮动元素不存在一样。

例如，如果图像是右浮动，其下面的文本流将环绕在它左边，如图6-1所示。

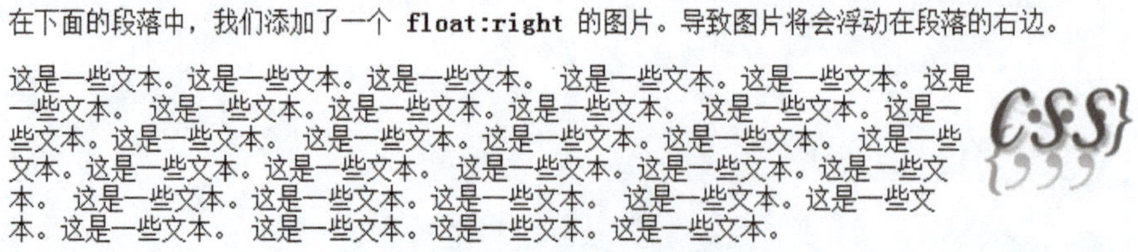

在下面的段落中，我们添加了一个 **float:right** 的图片。导致图片将会浮动在段落的右边。

这是一些文本。这是一些文本。这是一些文本。 这是一些文本。这是一些文本。这是一些文本。 这是一些文本。这是一些文本。这是一些文本。 这是一些文本。这是一些文本。这是一些文本。 这是一些文本。这是一些文本。这是一些文本。 这是一些文本。这是一些文本。这是一些文本。 这是一些文本。这是一些文本。这是一些文本。 这是一些文本。这是一些文本。这是一些文本。 这是一些文本。这是一些文本。这是一些文本。 这是一些文本。这是一些文本。这是一些文本。

CSS

图6-1 图像右浮动效果图

展示代码如下所示：

```
<style>
img {   float:right;   }
</style>
<body>
<p>在下面的段落中，我们添加了一个<b>float:right</b>的图片。导致图片将会浮动在段落的右边。</p>
<p>
<img src="logocss.gif" width="95" height="84" />
这是一些文本。这是一些文本。这是一些文本。
这是一些文本。这是一些文本。这是一些文本。
这是一些文本。这是一些文本。这是一些文本。
```

```
这是一些文本。这是一些文本。这是一些文本。
这是一些文本。这是一些文本。这是一些文本。
这是一些文本。这是一些文本。这是一些文本。
这是一些文本。这是一些文本。这是一些文本。
这是一些文本。这是一些文本。这是一些文本。
这是一些文本。这是一些文本。这是一些文本。
这是一些文本。这是一些文本。这是一些文本。
</p>
</body>
```

6.1.2　浮动的设置

元素浮动使用float属性来进行设置。该属性有两个属性值比较常用：left和right。设置元素浮动的方式很简单，如下代码所示：

```
<style>
    div{ float：left；}  //向左浮动
    div{ float：right；}  //向右浮动
</style>
```

当对多个元素进行设置时，会遇到多种浮动情况。

1. 不浮动情况

AA、BB、CC三个元素不浮动的情况，效果如图6-2所示，代码见demo6-1.html。

图6-2　不浮动情况效果图

demo6-1. html

```
<!doctype html>
<html>
<head>
<meta charset="utf-8">
<title>无标题文档</title>
<style>
div{ width:200px; height:200px; background:#4E744D; margin-bottom:20px;}
</style>
</head>
<body>
<div id="aa"></div>
<div id="bb"></div>
<div id="cc"></div>
</body>
</html>
```

2. AA元素向右浮动情况

对于AA元素向右浮动的情况，AA元素会一直向右，一直到碰到边界为止，效果如图6-3所示。代码见demo6-2.html。

图6-3　AA元素向右浮动情况效果图

demo6-2. html

```
<!doctype html>
<html>
<head>
<meta charset="utf-8">
<title>无标题文档</title>
<style>
div{ width:200px; height:200px; background:#4E744D; margin-bottom:20px; text-align:center; line-height:200px; font-size:40px; color:#fff; font-weight:bold;}
#aa{ float:right;}
</style>
```

```
</head>
<body>
<div id="aa">AA</div>
<div id="bb">BB</div>
<div id="cc">CC</div>
</body>
</html>
```

3. AA、BB 元素向右浮动情况

AA元素向右浮动，BB元素也会向右浮动，直到碰到前一个浮动框为止，效果如图6-4所示。代码见demo6-3.html。

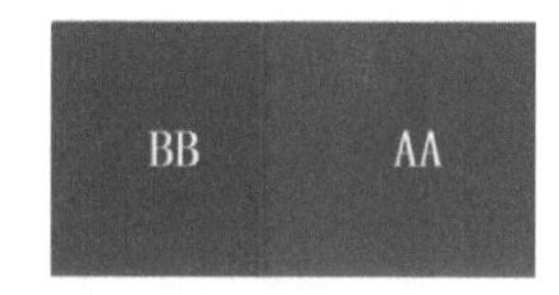

图6-4 AA、BB元素向右浮动情况效果图

demo6-3. html

```
<!doctype html>
<html>
<head>
<meta charset="utf-8">
<title>无标题文档</title>
<style>
div{ width:200px; height:200px; background:#4E744D; margin-bottom:20px; text-align:center; line-height:200px; font-size:40px; color:#fff; font-weight:bold;}
#aa,#bb{ float:right;}
</style>
</head>
<body>
<div id="aa">AA</div>
<div id="bb">BB</div>
<div id="cc">CC</div>
</body>
</html>
```

4. 三个元素全部向右浮动

AA、BB元素向右浮动，则第三个元素CC也会向右浮动，直到碰到上一个浮动元素为止，效果如图6-5所示。这里代码中只需要加上cc即可，代码如下所示。

```
#aa, #bb, #cc{ float:right;}
```

图6-5　三个元素全部向右浮动情况效果图

6.1.3　浮动案例实现

根据上述案例，练习一下向左浮动的效果。demo6-4.html效果图如图6-6所示，

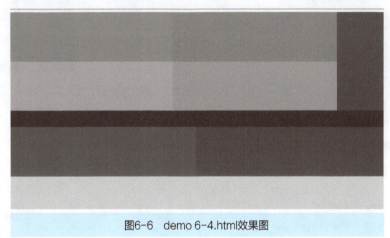

图6-6　demo 6-4.html效果图

demo6-4. html

```
<!doctype html>
<html>
<head>
<meta charset="utf-8">
<title>无标题文档</title>
<style>
.outer{ margin:0px auto; width:800px; height:600px; background:#F1EA84;}
.outer ul{ width:700px; height:300px; list-style:none; margin:0px; padding:0px;
float:left;}
.outer ul>li{ float:left; width:350px; height:150px; float:left;}
#bb{ width:100px; height:300px; background:#596AEC; float:left;}
#cc{ width:800px; height:50px; background:#8E1012; float:left;}
#dd,#ee{ width:400px; height:150px; float:left;}
#dd{ background:#0F8842;}
#ee{ background:#1D746B;}
</style>
```

```
</head>
<body>
<div class="outer">
    <ul>
        <li style="background:#F38E8F;"></li>
        <li style="background:#C797F0;"></li>
        <li style="background:#7BEAF0;"></li>
        <li style="background:#E4B464;"></li>
    </ul>
    <div id="bb"></div>
    <div id="cc"></div>
    <div id="dd"></div>
    <div id="ee"></div>
</div>
</body>
</html>
```

注意

在不同情况下，浮动的设置是不同的。一般情况下，互为兄弟结点的元素，如果有一个元素设置了浮动，那么其他兄弟元素最好也都设置浮动。否则会在浏览器预览的过程中出现布局错乱的情况。

6.2　定位

CSS3为定位提供了一些属性，利用这些属性，可以建立列式布局，将布局的一部分与另一部分重叠，还可以完成通常需要使用多个表格才能完成的任务。

6.2.1　定位的概念

定位允许定义元素框相对于其正常位置应该出现的位置，或者相对于父元素、另一个元素甚至浏览器窗口本身的位置。CSS3有3种基本的定位机制：普通流、浮动和绝对定位。

除非专门指定，否则所有框都在普通流中定位。也就是说，普通流中的元素的位置由元素在HTML中的位置决定。

块级框从上到下一个接一个地排列，框之间的垂直距离由框的垂直外边距计算出来。

行内框在一行中水平布置。可以使用水平内边距、边框和外边距调整它们的间距。但是，垂直内边距、边框和外边距不影响行内框的高度。由一行形成的水平框称为行框（Line Box），行框的高度总是足以容纳它包含的所有行内框。不过，设置行高可以增加这个框的高度。

6.2.2 定位的方式

元素以postion属性进行定位，该属性共具备4种属性值，其含义为：

1）static。元素框正常生成。块级元素生成一个矩形框，作为文档流的一部分，行内元素则会创建一个或多个行框，置于其父元素中。

2）relative。元素框偏移某个距离。元素仍保持其未定位前的形状，它原本所占的空间仍保留。

3）absolute。元素框从文档流完全删除，并相对于其包含块定位。包含块可能是文档中的另一个元素或者是初始包含块。元素原先在正常文档流中所占的空间会关闭，就好像元素原来不存在一样。元素定位后生成一个块级框，而不论原来它在正常流中生成何种类型的框。

4）fixed。元素框的表现类似于将 position 设置为 absolute，不过其包含块是视窗本身。

相对定位被看作普通流定位模型的一部分，因为元素的位置是相对于它在普通流中的位置的。

元素可以使用顶部、底部、左侧和右侧属性定位。应先设定position属性。它们也有不同的工作方式，这取决于定位方法。

1．static 静态定位

static静态定位是HTML元素的默认值，即没有定位，元素出现在正常的流中，表示元素按照正常定位方案，元素盒按照在文档流中出现的顺序依次格式化。

静态定位的元素不会受到top、bottom、left、right的影响。

2．relative 相对定位

设置为相对定位的元素框会偏移某个距离。元素仍然保持其未定位前的形状，它原本所占的空间仍保留。

如果对一个元素进行相对定位，它将出现在它所在的位置上。然后，可以通过设置垂直或水平位置，让这个元素“相对于”它的起点进行移动。相对定位一般是相对于其父元素进行定位。所以这种定位方式会受到top、bottom、left、right的影响。它的位置会出现在相对于其父元素的容器内。例如，对元素设置相对定位方式，并设置其位置属性。代码如下所示：

```
div {
position：relative；
left：30px；
top：20px；
}
```

将top设置为20px，那么div元素将在原位置顶部下面20px的地方。将left设置为30px，那么会在元素左边创建30px的空间，也就是将元素向右移动了30px。

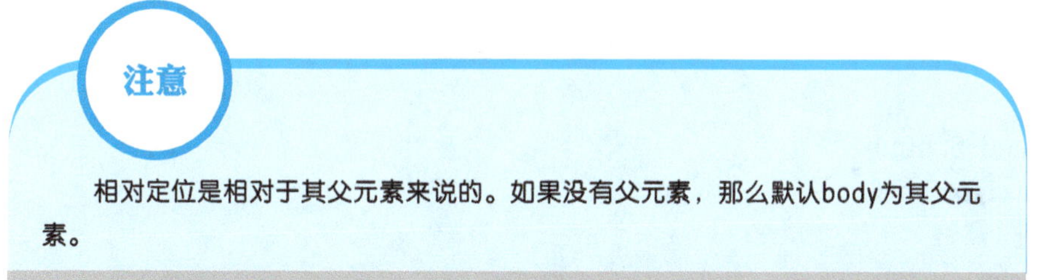

注意

相对定位是相对于其父元素来说的。如果没有父元素，那么默认body为其父元素。

3．absolute 绝对定位

设置为绝对定位的元素框从文档流完全删除，并相对于其包含块定位，包含块可能是文档中的另一个元素或者是初始包含块。元素原先在正常文档流中所占的空间会关闭，就好像该元素原来不存在一样。元素定位后生成一个块级框，而不论原来它在正常流中生成何种类型的框。

绝对定位使元素的位置与文档流无关，因此不占据空间。这一点与相对定位不同，相对定位实际上被看作普通流定位模型的一部分，因为元素的位置是相对于它在普通流中的位置的。

普通流中其他元素的布局就像绝对定位的元素不存在一样。代码如下所示：

```
div {
  position：absolute；
  left：30px；
  top：20px；
}
```

下面我们来看一个例子，父元素与子元素的初始状态如图6-7所示。此时，是两个盒子嵌套的初始状态。可以使用top等位置属性为该元素进行绝对定位。

图6-7　初始状态

demo6-5.html

```
<!doctype html>
<html>
<head>
<meta charset="utf-8">
<title>无标题文档</title>
<style>
.outer{ margin:0px auto; width:500px; height:500px; background:yellow;}
.outer .inner{ width:200px; height:200px; background:red;}
</style>
</head>
<body>
<div class="outer">外层盒子
   <div class="inner">内层盒子</div>
</div>
</body>
</html>
```

4．fixed 固定定位

与绝对定位类似，元素从文档流中脱离，但是它们不是相对于容器块定位，而是相对于视口（Viewpoint）定位（大多数情况下，这个视口就是指浏览器窗口）。

元素的位置相对于浏览器窗口是固定位置，即使窗口是滚动的，它也不会移动。代码如下所示：

```
div {
    position:fixed;
    top:30px;
    right:5px;
}
```

6.3　案例——导航栏制作

利用浮动及定位，制作一个常用的导航栏，上层为LOGO，下层为导航栏，效果如图6-8所示。

图6-8　案例效果图

1. 案例开发思路

1）顶部的实线利用边框线制作完成。

2）LOGO右侧要利用定位放置一个“联系我们/招生简章”字样的元素。

3）导航栏利用ul来实现。

2. 页面布局代码

```
<body>
<div class="top">
    <div id="logo">
        <span><img src="timg.png"/></span>
        <span>学院名称</span>
        <span><a>联系我们 | 招生简章</a></span>
    </div>
    <ul>
        <li>学院简介</li>
        <li>机构设置</li>
        <li>学团工作</li>
        <li>学院新闻</li>
        <li>学生工作</li>
        <li>招生就业</li>
```

```
        <li>教务系统</li>
    <li>发展中心</li>
    <li>院部课程</li>
    <li>学院文件</li>
        </ul>
    </div>
    </body>
```

3. 样式代码

```
<style>
body{ margin:0px; padding:0px; font-size:16px; font-family:"微软雅黑";}
ul{ list-style:none; margin:0px; padding:0px;}
.top{ width:100%; height:auto; overflow:hidden;}
.top>#logo{ height:150px; border-top:10px solid #1F4F5A; overflow:hidden;}
.top>#logo img{ width:10%; height:auto;}
.top>#logo>span{ vertical-align:top;}
.top>#logo>span:nth-child(1){ margin-left:50px;}
.top>#logo>span:nth-child(2){ line-height:150px; font-size:40px; font-weight:bold;
margin-left:10px; color:#2F7D86;}
.top>#logo>span:nth-child(3){position:absolute;right:5%;top:50px;color:#999;}
.top>ul{ height:80px;}
.top>ul>li{ float:left; line-height:80px; text-align:center; width:10%;
background:#447986; color:#fff; cursor:pointer;}
.top>ul>li:hover{ background:#FC6;}
</style>
```

注：:nth-child(n)选择器匹配属于其父元素的第n个子元素，不论元素的类型。n可以是数字、关键词或公式。

本 章 小 结

本章主要对HTML 5浮动、定位进行了介绍，定位限定了元素在页面的位置，浮动限定了多个元素在页面的排列方式，通过使用浮动和定位，可以控制页面元素的排列。学习本章后，可以实现常见的网站菜单、浮窗等网页效果。

本章学习了元素的浮动和定位，动手做一个个人主页的菜单吧！

第 7 章　HTML 5 canvas

【学习目标】

- 了解什么是画布。
- 掌握canvas的概念。
- 了解canvas和SVG的区别。
- 掌握画布的创建方法。
- 掌握画布中图像的绘制方法。
- 掌握画布中坐标、路径及文本的绘制方法。
- 能够使用canvas进行基础形状的绘制。
- 能够使用canvas进行图像绘制。

canvas是HTML 5出现的新元素，像所有的dom对象一样，它有自己本身的属性、方法和事件，其中就有绘图的方法，JavaScript能够调用它来进行绘图，在网页上显示。本章介绍了使用canvas在网页上进行图形绘制的方法。

7.1 canvas概述

HTML 5<canvas>用于绘制图形图像以在网页上显示，不过，<canvas>本身并没有绘制能力，它仅仅是图形的容器，必须使用脚本来完成实际的绘图任务，所使用的脚本语言即为JavaScript语言。

通过JavaScript，可以在网页上绘制图像。画布是一个矩形区域，可以通过其控制每一个像素。

canvas拥有多种绘制路径、矩形、圆形、字符以及添加图像的方法。例如，getContext()方法可返回一个对象，该对象提供了用于在画布上绘图的方法和属性；getContext("2d")方法可用于在画布上绘制文本、线条、矩形、圆形等。

HTML 5还支持内联SVG，SVG和canvas类似，也可以进行图形绘制，但它是定义用于网络的基于矢量的图形。这种图形是可伸缩的。在图像放大或改变尺寸的情况下，其图形质量不会有损失。它适合带有大型区域的应用程序，如谷歌地图。但如果复杂度高的话会减慢渲染速度，所以不适合游戏应用。而canvas是依赖分辨率的，比较适合图像密集型的游戏。所以，目前行业中会使用canvas来进行网页游戏制作。

浏览器支持方面：Internet Explorer 9、Firefox、Opera、Chrome以及Safari支持<canvas>及其属性和方法，Internet Explorer 8以及更早的版本不支持<canvas>。浏览器对<canvas>的支持情况见表7-1。

表 7-1 浏览器对 <canvas> 的支持情况

元素	Chrome	IE	火狐	Safari	Opera
<canvas>	4.0	9.0	2.0	3.1	9.0

注：表格中的数字表示支持<canvas>元素的第一个浏览器版本号。

本章内容将用360极速浏览器的极速模式进行代码效果预览。

7.2 canvas基础操作

canvas用于在网页上使用JavaScript来进行图形的绘制。本节介绍关于canvas的基础操作部分的知识。

7.2.1 创建canvas

一个画布在网页中是一个矩形框，通过<canvas>来进行创建。默认情况下，画布是没有边框和内容的。如果不设置画布的宽度和高度，那么它默认的值为302*152。

创建画布的布局代码如下：

```
<canvas id="mycanvas"></canvas>
```

该代码创建了一个简单画布，大小为300*150。在网页中预览时，会发现页面一片空白，这是因为默认情况下，即没有添加任何样式的画布是没有边框也没有内容的。

如果给画布添加上边框，样式代码如下：

```
<style>
    #mycanvas{ border:1px solid #000; }
</style>
```

该代码给画布添加了宽为1px的黑色实线边框，在网页中预览如7-1所示。

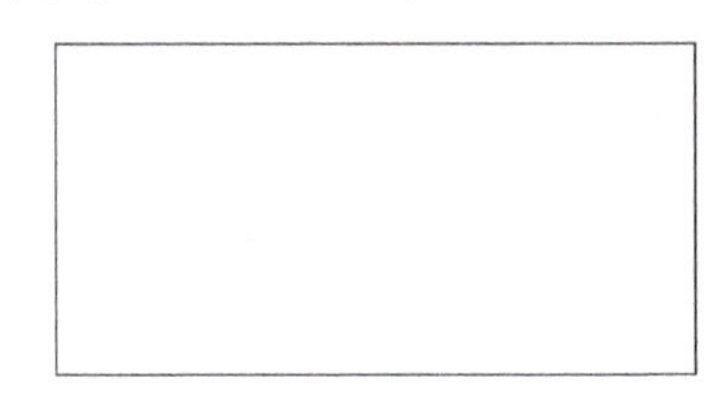

图7-1 基础画布

如果要设置画布的宽高，样式代码如下：

```
<style>
    #mycanvas{
        border:1px solid #000;
        width:500px;
        height:300px;
    }
</style>
```

宽度和高度也可以直接在canvas的标签内部进行设置。如下代码所示：

```
<canvas id="mycanvas" width="500" height="300"></canvas>
```

到此，我们就创建了一个画布，可以根据需要设置画布的边框或宽高。

7.2.2 canvas绘图

canvas本身没有绘图能力，它只是一张画布。所有的绘图工作需要使用JavaScript来进行。

1）用到的方法及对象：getContext()。通过该方法可以获取一个对象context，该对象是内建的HTML 5对象，拥有多种绘制路径、矩形、圆形、字符以及添加图像的方法。

- context．fill()：填充色彩。
- context．stroke()：绘制边框。
- context．fillStyle：填充的样式。
- context．strokeStyle：边框样式。
- context．lineWidth：图形边框宽度。

2）颜色的表示方式：

- 直接用颜色名称："red" "green" "blue"。
- 十六进制颜色值："#EEEEFF"。
- rgb(1−255,1−255,1−255)。
- rgba(1−255,1−255,1−255,透明度)。

注：canvas是一个二维网格，左上角的坐标为（0，0）。在绘制图形的过程中，要注意图形的位置坐标。坐标轴如图7−2所示。

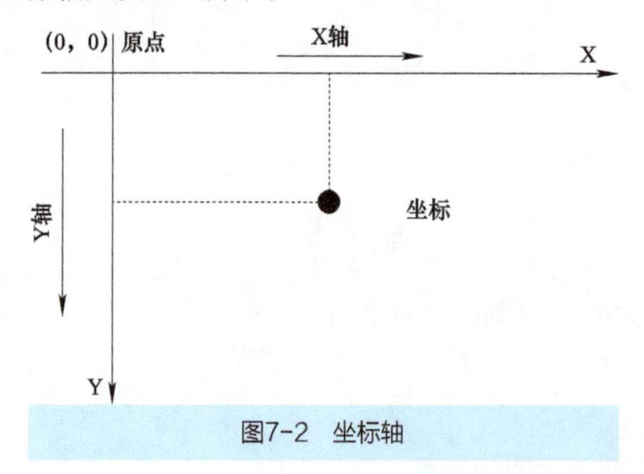

图7-2　坐标轴

案例：绘制线条

基本代码如下：

```
//布局代码部分
<body>
<canvas id="mycanvas"></canvas>
</body>
//样式代码部分
<style>
   #mycanvas{
        border:1px solid #000;
        width:500px;
        height:300px;
   }
</style>
```

JS代码如下：

1）找到canvas元素。

```
var c=document. getElementById("mycanvas");
```

2）创建context对象。

```
var ctx=c.getContext("2d");
```

注：getContext(contextID)方法返回一个用于在画布上绘图的环境，其参数contextID指定了想要在画布上绘制的类型。当前唯一的合法值是"2d"，它指定了二维绘图，并且该方法会返回一个环境对象，该对象导出一个二维绘图API。目前不支持3d。

3）以上两步已经创建好了context对象，接下来就可以使用该对象的一些方法来实现图像的绘制。

```
ctx.fillStyle="#FF0000";
ctx.fillRect(10,10,100,100);
```

以上两行代码绘制了一个红色的矩形块，在浏览器中预览，如图7-3所示。

图7-3 红色矩形块效果图

7.3 使用canvas绘制基本形状

本节介绍使用canvas绘制基本的形状的方法，包括线条的绘制、矩形的绘制、圆形的绘制等。

7.3.1 绘制线条

线条的绘制，即在画布上进行路径的绘制，使用的方法如下：

```
moveTo(x,y)    // 定义线条开始坐标，确定线条起点位置
lineTo(x,y)    //定义线条结束坐标，确定线条终点位置
stroke()       // 在起点坐标和终点坐标都确定好之后，使用该方法进行两个坐标之间的路径绘制。
```

线条绘制实例

绘制一条直线，起点坐标为（10，10），终点坐标为（300，100）。基本代码同7.3.1中的案例。JS代码如下所示：

```
<script>
var c=document.getElementById("mycanvas");
var ctx=c.getContext("2d");
ctx.moveTo(10,10);
ctx.lineTo(300,100);
ctx.stroke();
</script>
```

在浏览器中预览效果，如图7-4所示。

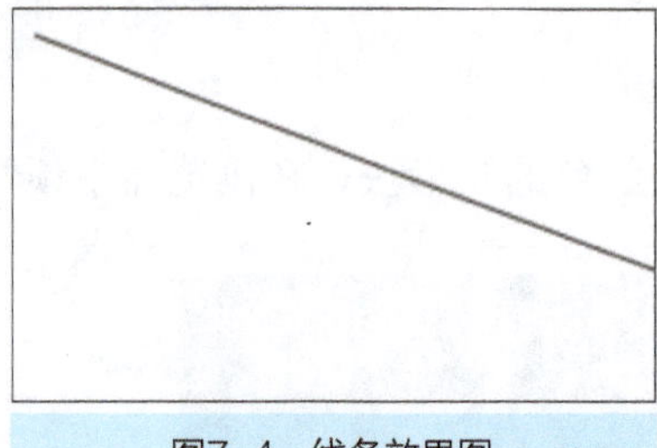

图7-4　线条效果图

未设置样式的前提下，线条默认的颜色为黑色。如果想要设置线条的颜色，那么需要使用context对象的strokeStyle属性。该属性用于设置线条或边框样式（颜色）。设置代码如下：

```
ctx.strokeStyle="red"; //设置线条颜色为红色
```

注：该行代码的位置应在stroke()上方，如下所示：

```
ctx.strokeStyle="red";
ctx.stroke();
```

页面预览效果如图7-5所示。

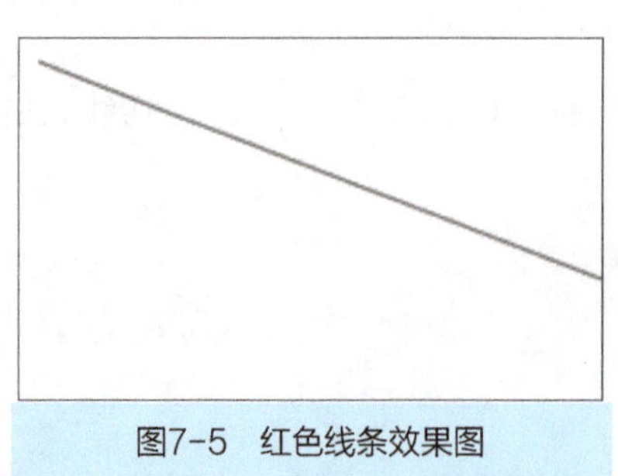

图7-5　红色线条效果图

7.3.2　绘制矩形

绘制矩形使用的方法及属性如下：

1）fillStyle：context属性，设置或返回用于填充绘画的颜色、渐变或模式。使用语法格式为：

```
context.fillStyle=color|gradient|pattern;
```

color：指示绘图填充色的CSS颜色值，默认值是 #000000。

gradient：用于填充绘图的渐变对象（线性或放射性）。

pattern：用于填充绘图的pattern对象。

2）fillRect(x,y,width,height)：context方法，用于绘制已填充的矩形，默认的填充颜色为黑色。需要先使用fillStyle属性来设置用于填充的颜色等。

X：矩形左上角的X轴坐标。

Y：矩形左上角的Y轴坐标。

width：矩形的宽度（以px为基本单位）。

height：矩形的高度（以px为基本单位）。

实心矩形绘制实例

绘制一个黄色的矩形块。基本代码同7.3.1中的案例，JS代码如下：

```
<script>
var c=document.getElementById("mycanvas");
var ctx=c.getContext("2d");
ctx.fillStyle="yellow";
ctx.fillRect(50,10,150,80);
</script>
```

页面预览效果如图7-6所示。

图7-6 实心矩形效果图

以上是绘制一个实心矩形的方法。如果希望绘制一个空心矩形，那么需要使用的方法如下：

1）rect(x,y,width,height)：创建矩形。参数同fillRect(x,y,width,height)的参数，分别是X轴坐标，Y轴坐标，矩形宽度，矩形高度。

2）strokeRect(x,y,width,height)：绘制无填充的矩形。边框的颜色默认为黑色。参数同上。

空心矩形绘制实例

绘制空心矩形（即无填充的矩形），布局代码同上，JS代码如下：

```
<script>
var c=document.getElementById("mycanvas");
var ctx=c.getContext("2d");
ctx.fillStyle="yellow";
ctx.fillRect(50,10,150,80);
//绘制空心矩形
ctx.rect(100,100,50,50);
ctx.stroke();
</script>
```

绘制空心矩形的另外一种方法为：

```
<script>
var c=document.getElementById("mycanvas");
var ctx=c.getContext("2d");
ctx.fillStyle="yellow";
ctx.fillRect(50,10,150,80);
//绘制空心矩形
ctx.strokeRect(100,100,50,50);
</script>
```

页面预览效果如图7-7所示。

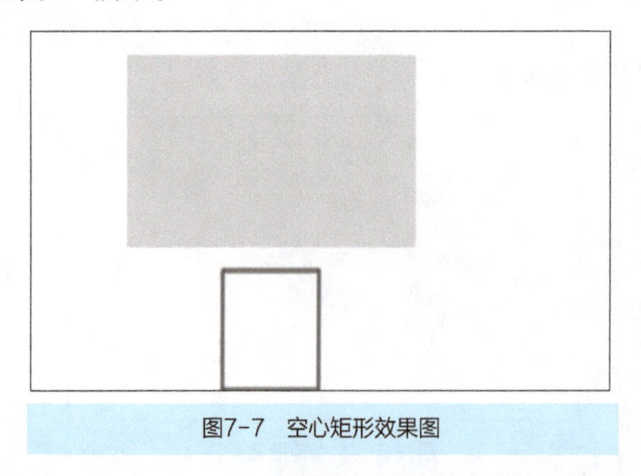

图7-7　空心矩形效果图

7.3.3　绘制圆形

在画布中进行圆形的绘制，使用的方法为arc()方法。使用语法格式为：

```
arc(x,y,r,sAngle,eAngle,counterclockwise)
```

x：圆的中心的x坐标。

y：圆的中心的y坐标。

r：圆的半径。

sAngle：起始角，以弧度计。

eAngle：结束角，以弧度计。

counterclockwise：可选。规定应该逆时针还是顺时针绘图。False=顺时针，true=逆时针。

该方法用于创建弧线（曲线），可以用来创建圆或部分圆。使用该方法来创建圆时，需设置起始角为0，设置结束角为2*Math.PI。

绘制圆形线条

布局代码如下所示：

```
<body>
<canvas id="mycanvas" width="500" height="300"></canvas>
</body>
```

样式代码如下所示：

```
<style>
#mycanvas{ border:1px solid #000; }
</style>
```

JS代码如下所示：

```
<script>
var c=document.getElementById("mycanvas");
var ctx=c.getContext("2d");
ctx.arc(200,150,50,0,2*Math.PI);
ctx.stroke();
</script>
```

注：因为是绘制的线条，所以需要stroke()方法进行最后的线的绘制。在这里，画布宽高的设置从样式表中移到了canvas属性中。这是因为这些属性可以使用CSS来定义大小，但在绘制时图像会伸缩以适应它的框架尺寸。如果CSS的尺寸与初始画布的比例不一致，它会出现扭曲。所以宽高的设置被放到了标签中。

页面预览效果如图7-8所示。

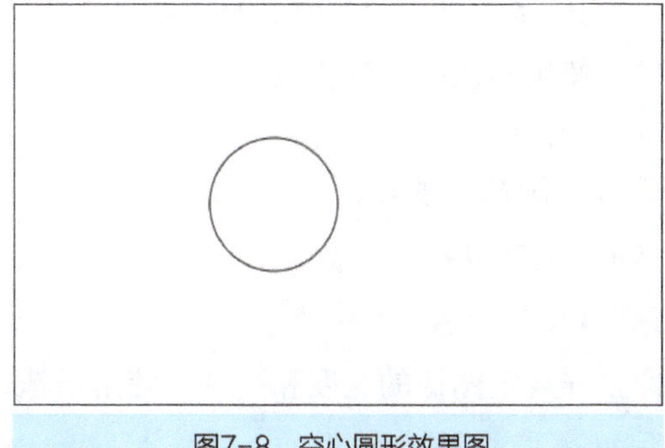

图7-8 空心圆形效果图

绘制实心圆形

布局代码同绘制圆形线条。

如果需要填充色彩，需要使用fillStyle属性进行颜色设置，再使用fill()方法进行色彩填充。JS代码如下所示：

```
<script>
var c=document.getElementById("mycanvas");
var ctx=c.getContext("2d");
ctx.arc(200,150,50,0,2*Math.PI);
ctx.stroke();
ctx.fillStyle="green";
ctx.fill();
</script>
```

页面预览效果如图7-9所示。

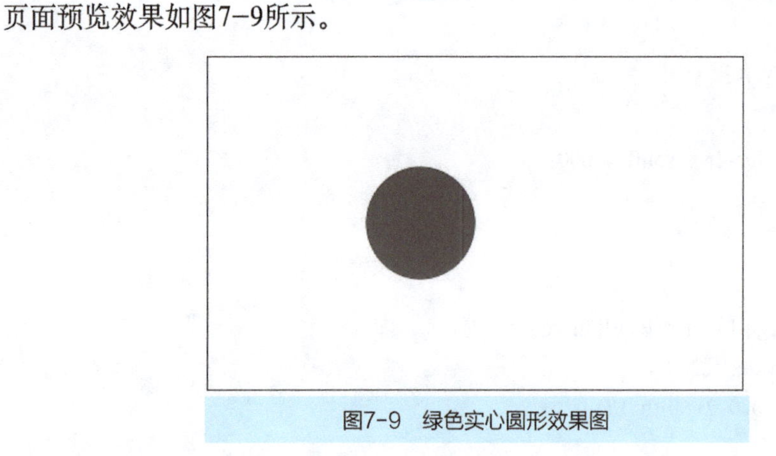

图7-9　绿色实心圆形效果图

7.3.4　在canvas中使用图像

画布中不仅可以绘制各种形状，还可以放置图片，一般将其称为：在画布上进行图像绘制。使用canvas进行图像绘制，通常会使用以下方法：

```
drawImage(image,x,y)
```

该方法用于在画布上绘制图像、画布或视频。有以下三种用法：

1）在画布上定位图像。使用语法格式为：

```
context.drawImage(img,x,y)
```

img：规定要使用的图像、画布或视频。

x：在画布上放置图像的x坐标位置。

y：在画布上放置图像的y坐标位置。

2）在画布上定位图像，并规定图像的宽度和高度。使用语法格式为：

```
context.drawImage(img,x,y,width,height)
```

img：规定要使用的图像、画布或视频。

x：在画布上放置图像的x坐标位置。

y：在画布上放置图像的y坐标位置。

width：要使用的图像的宽度（伸展或缩小图像）。可选。

height：要使用的图像的高度（伸展或缩小图像）。可选。

3）剪切图像，并在画布上定位被剪切的部分。使用语法格式为：

```
context.drawImage(img,sx,sy,swidth,sheight,x,y,width,height);
```

img：规定要使用的图像、画布或视频。

sx：开始剪切的x坐标位置。可选。

sy：开始剪切的y坐标位置。可选。

swidth：被剪切图像的宽度。可选。

sheight：被剪切图像的高度。可选。

x：在画布上放置图像的x坐标位置。

y：在画布上放置图像的y坐标位置。

width：要使用的图像的宽度（伸展或缩小图像）。可选。

height：要使用的图像的高度（伸展或缩小图像）。可选。

以上三种用法可以根据需要酌情使用。一般来说，使用第二种的情况比较多见，因为图像的大小不是固定的，所以一般会在画布绘制的过程中定义图像的宽高值。

向画布上绘制图像

布局代码同7.3.2中的绘制圆形线条。

向画布上绘制图像的话，需要先获取图像。这里我们需要先定义一个image对象，然后使用该对象的onload()方法进行图像的加载。代码如下所示：

```
var image=new Image();
image.src="images/gong.jpg";
image.onload=function(){
        ctx.drawImage(image, 50, 50, 300, 200);
}
```

全部JS代码如下所示：

```
<script>
var c=document.getElementById("mycanvas");
var ctx=c.getContext("2d");

var image=new Image();
image.src="images/gong.jpg";
image.onload=function(){
        ctx.drawImage(image, 50, 50, 300, 200);
    }
</script>
```

页面预览效果如图7-10所示。

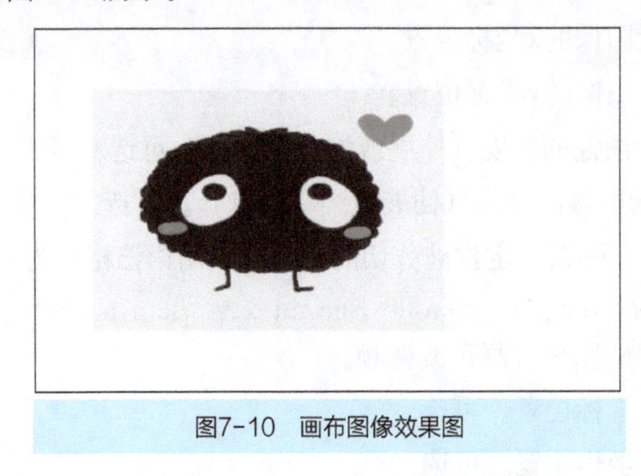

图7-10　画布图像效果图

7.4　案例——绘制五角星

1. 案例说明

在画布上绘制一个五角星。先对五角星进行分析，确定各个顶点坐标的规律。五角星坐标设置如图7-11所示。

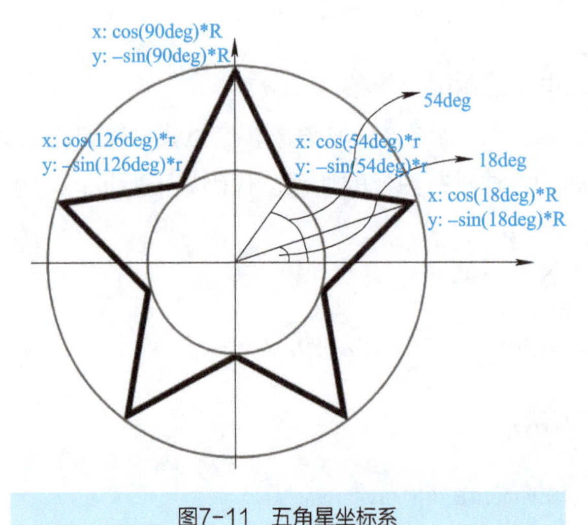

图7-11　五角星坐标系

2. 布局代码

```
<body>
<canvas id="mycanvas"  width="500"  height="500">
您的浏览器版本过低，不支持canvas标签。请更新浏览器到最新版本后再试。
</canvas>
</body>
```

样式代码如下：

```
<style>
#mycanvas{ border:1px solid #000; }
</style>
```

3. JS代码

```
<script>
var canvas = document.getElementById("canvas");
var context = canvas.getContext("2d");
context.beginPath();
//设置4个顶点的坐标，根据顶点制订路径
 for (var i = 0; i < 5; i++) {
 context.lineTo(Math.cos((18+i*72)/180*Math.PI)*200+200,
-Math.sin((18+i*72)/180*Math.PI)*200+200);
context.lineTo(Math.cos((54+i*72)/180*Math.PI)*80+200,
-Math.sin((54+i*72)/180*Math.PI)*80+200);
   }
//闭合路径
context.closePath();
//设置边框样式以及填充颜色
context.lineWidth="3";
context.fillStyle = "#F6F152";
context.strokeStyle = "#F5270B";
context.fill();
context.stroke();
</scrip>
```

网页预览效果图如图7-12所示。

图7-12 五角星效果图

本章小结

Canvas是HTML 5中新增的元素，用于绘制图形。这个元素的特殊之处在于，它可以获取一个CanvasRenderingContext2D对象，可以通过JavaScript脚本来控制该对象进行绘图。

在画布上绘制不同的形状，需要使用到不同的属性及方法。同学们可以多加练习，找一些自己比较感兴趣的图形，利用画布绘制出来。

动手做一做

本章对HTML 5的绘图属性canvas进行了讲解，请同学们利用该属性绘制一些自己感兴趣的图形或者图像吧！

第 8 章　本地存储与离线应用

【学习目标】

- 理解本地存储与离线应用。
- 理解Web Workers的概念及应用范围。

互联网3.0时代，HTML 5应用日益丰富，HTML 5已经解决了视频、音频、图像、动画等组件的标准化问题，在存储方面，HTML 5 Web Storage 已代替了传统的Cookie等技术实现了高效客户端数据存储，Web SQL技术使得浏览器端可以对本地数据库进行增删改查，离线应用将极大地方便用户在网络状态不好的情况下使用Web应用。

8.1 HTML 5 Web存储

使用HTML 5 Web存储可以在本地存储用户的浏览数据。HTML 5出现以前，本地数据存储使用的是Cookie。HTML 5 Web 存储包括LocalStorage和SessionStorage，这种存储方式更加安全与快速，本地数据不会被保存在服务器上。HTML 5本地存储可以存储大量的数据，而不影响网站的性能，极大地方便用户的使用。

目前，绝大部分浏览器都支持HTML 5 Web存储，HTML 5 Web存储浏览器支持情况如图8-1所示。

图8-1　HTML 5 Web存储浏览器支持情况

8.1.1 LocalStorage

HTML 5 新加入了LocalStorage特性，这个特性主要是作为本地存储来使用的，旨在解决Cookie存储空间不足的问题，每条Cookie的存储空间大小为4kB，而LocalStorage 支持最大5MB数据存储，在不同的浏览器中，LocalStorage的最大存储限制会有所不同。LocalStorage的主要作用是进行本地存储，将数据按照“键值对”的方式保存在客户端计算机中，存储时以字符串形式进行存储，如果用户不主动清除数据，则该数据会一直存在。

LocalStorage也存在一些局限性，主要包括：

- 各个浏览器对数据的存储大小不一致。
- 值类型只支持String类型。
- 页面浏览器在隐私模式下是不可读取的。
- LocalStorage存储不能被爬虫抓取到。

LocalStorage的主要属性和方法见表8-1。

表 8-1　LocalStorage 主要属性和方法

对象成员	类　型	描　述
setItem(key，value)	方法	存储一个数据项
getItem(key)	方法	通过key获取数据项
romoveItem(key)	方法	通过key删除数据项
clear()	方法	清空数据
key(index)	方法	访问index个key的名称
length	属性	返回访问localStorage对象中item的数量

demo8–1.html演示了如何在HTML 5页面中使用LocalStorage来操作本地数据，案例代码如下：

demo8-1.html

```
<!doctype html>
<html>
    <head>
        <meta charset="UTF-8">
        <title>LocalStorage</title>
        <script>
            //把用户输入的key:value数据的数据保存到LocalStorage
            function addItem() {
                var k = document.getElementById("key").value;
                var v = document.getElementById("value").value;
                window.localStorage.setItem(k, v);
            }
            //查看LocalStorage中的数据
            function viewData() {
                var str = "LocalStorage中数据如下：";
                for(var i = localStorage.length - 1; i >= 0; i--) {
                    str=str+localStorage.key(i)
+' : '
+ localStorage.getItem(localStorage.key(i))
+ "\n";
                }
                alert(str);
            }
            //通过key删除LocalStorage中的数据
            function delByKey() {
                var k = document.getElementById("key").value;
                window.localStorage.removeItem(k);
            }
            //清空数据
            function clearData() {
                window.localStorage.clear();
            }
        </script>
    </head>
    <body>
        <input type="text" id="key">:<input type="text" id="value"><br />
        <input type="button" value="添加或修改数据" onclick="addItem();"><br />
        <input type="button" value="查看数据" onclick="viewData();"><br />
        <input type="button" value="删除数据（根据Key)" onclick="delByKey();"><br />
        <input type="button" value="清空数据" onclick="clearData();">
    </body>
</html>
```

在页面中输入3个学生的学号和姓名，单击“添加或修改数据”，数据可以保存到LocalStorage中，可以通过浏览器调试窗口查看数据存储情况，如图8-2所示。

图8-2　demo8-1添加学生数据效果

单击“查看数据”按钮，可以对LocalStorage中的所有数据进行查看，数据以“键：值”的形式弹出，如图8-3所示。

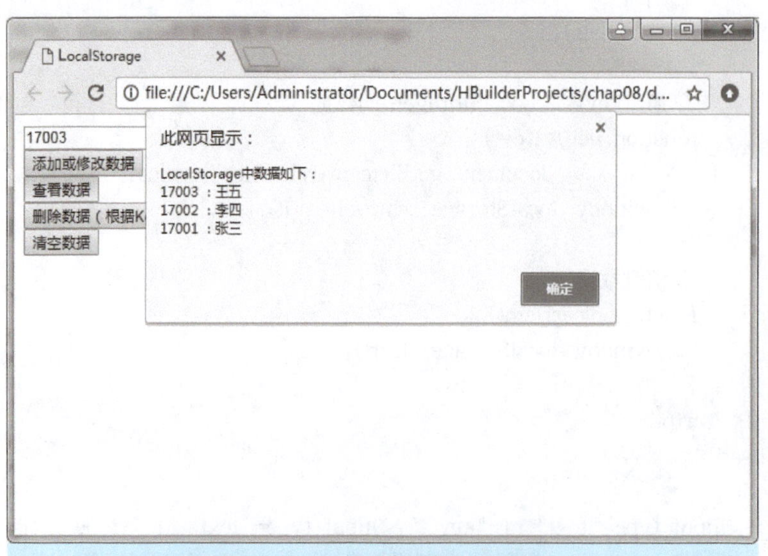

图8-3　demo8-1查看学生数据效果

在第一个文本框内部输入已有的一个学号，如“17002”，单击“删除数据（根据Key）”按钮，可以对LocalStorage中key为“17002”的数据进行删除，然后单击“查看数据”观察数据变化，如图8-4所示。

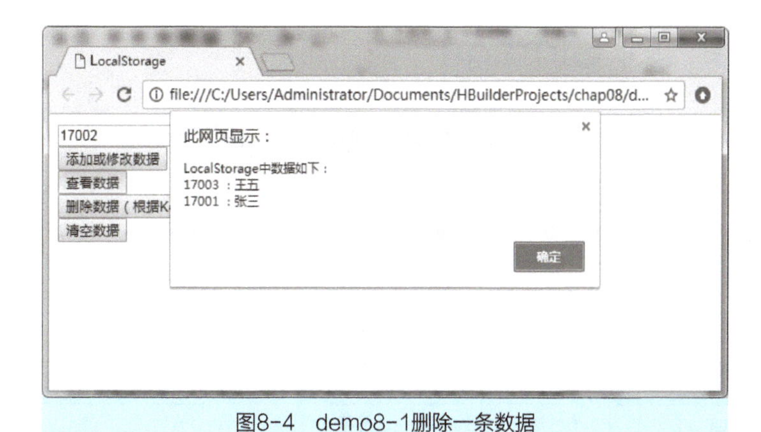

图8-4　demo8-1删除一条数据

单击“清空数据”按钮，可以对LocalStorage中所有数据进行删除，单击“查看数据”按钮，可以看到数据已清除，如图8-5所示。

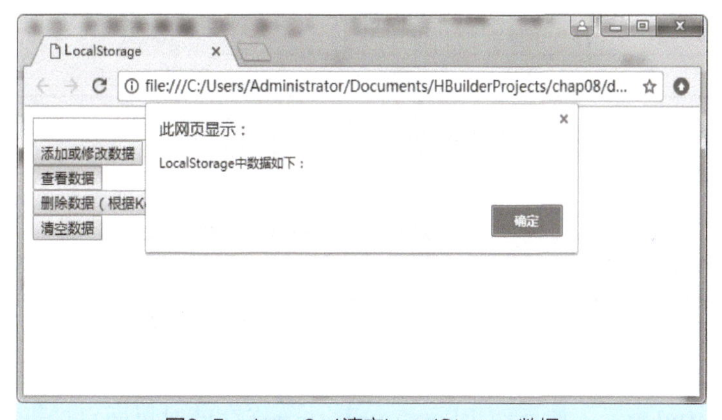

图8-5　demo8-1清空LocalStorage数据

可以使用浏览器的调试功能来查看系统的LocalStorage中的数据，以Chrome浏览器为例，按<F12>键进入开发者模式，如图8-6所示。

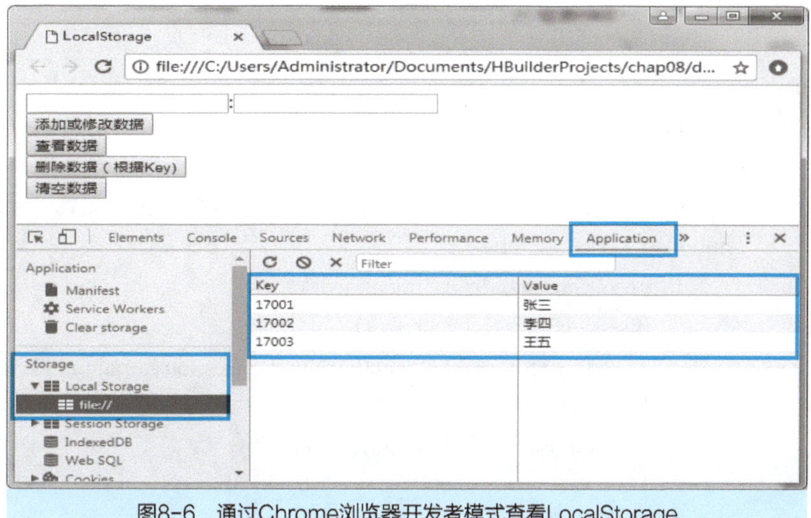

图8-6　通过Chrome浏览器开发者模式查看LocalStorage

8.1.2 SessionStorage

SessionStorage主要针对一个HTTP Session进行数据存储。HTTP协议本身是无状态的,本身并不能支持服务器端保存客户端的状态信息，于是在服务器中引入了Session的概念，用来保存客户端的状态信息。Session的生命周期一般是指从一个浏览器窗口打开到关闭的这个期间，关闭浏览器，Session自动结束。SessionStorage主要属性和方法见表8-2。

表 8-2　SessionStorage 主要属性和方法

对象成员	类　型	描　述
setItem(key，value)	方法	存储一个数据项
getItem(key)	方法	通过key获取数据项
romoveItem(key)	方法	通过key删除数据项
clear()	方法	清空数据
key(index)	方法	访问index个key的名称
length	属性	返回访问SessionStorage对象中item的数量

SessionStorage和LocalStorage都是Storage的实例，SessionStroage的方法与LocalStorage基本一致，主要区别见表8-3。

表 8-3　LocalStorage 与 SessionStorage 主要区别

主要对比	LocalStorage	SessionStorage
生命周期	永久（除非用户手动清除）	一个Session生命周期，只对当前浏览器窗口有效
存储位置	数据存储在硬盘，浏览器关闭仍然有效	数据存储在浏览器内存，浏览器关闭数据消失

demo8-2.html演示了如何使用SessionStorage来存储对页面点击进行计数，案例代码如下：

demo8-2. html

```
<!doctype html>
<html>
    <head>
        <meta charset="utf-8">
        <title>页面计数</title>
        <script>
            function clickCounter() {
                if(typeof(Storage) !== "undefined") {
                  if(sessionStorage.clickcount) {
                    sessionStorage.clickcount= Number(sessionStorage.clickcount) + 1;
                  } else {
                    sessionStorage.clickcount = 1;
                  }
                  document.getElementById("result").innerHTML = "在这个会话中你已经
```

```
单击了该按钮 " + sessionStorage.clickcount + " 次 ";
                } else {
                    document.getElementById("result").innerHTML = "抱歉，您的浏览器不
支持 Web 存储";
                }
            }
        </script>
    </head>

    <body>
        <p><button onclick="clickCounter()" type="button">单击进行页面计数</
button></p>
        <div id="result"></div>
        <p>单击该按钮查看计数器的增加。</p>
        <p>关闭浏览器选项卡(或窗口),重新打开此页面,计数器将重置。</p>
    </body>
</html>
```

demo8-2.html中利用SessionStorage对页面访问进行计数，当单击按钮“单击进行页面计数”时，页面将进行计数，如图8-7所示。

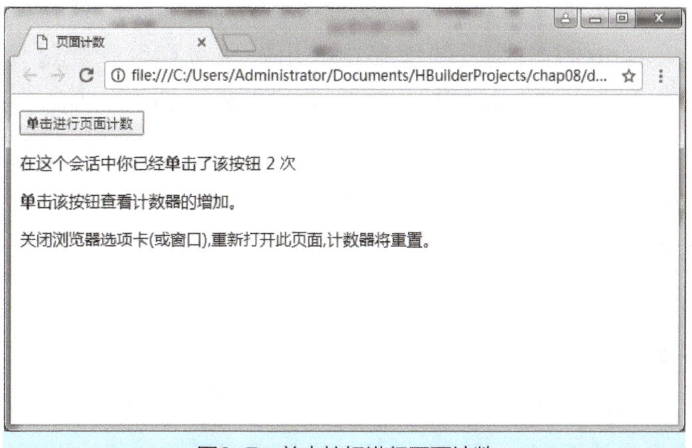

图8-7　单击按钮进行页面计数

按<F12>调出浏览器Debug模式，可以查看窗口的SessionStorage的数据存储情况，如图8-8所示。

图8-8　查看SessionStorage的数据情况

在demo8-2.html中，对页面进行刷新后再单击计数按钮，发现计数会在刷新前的基础上继续累积，也就是说刷新页面不会造成SessionStorage数据的丢失，当关闭浏览器或选项卡时，SessionStorage将会对数据进行清除。

8.2 HTML 5离线应用

HTML 5在很大程度上解决了以前HTML没能解决的问题，如一系列有助于移动应用开发的特性，离线应用特性可以使得HTML 5在断网的状态下正常运行或部分运行Web应用，从而提升了HTML 5的用户体验，缩小了HTML 5应用和原生App应用在离线状态下的体验差距。

8.2.1 离线应用简介

HTML 5通过使用ApplicationCache接口实现应用的缓存，这种缓存了数据的HTML 5应用成为离线应用。因此使用 HTML 5可以轻松地创建 Web 应用的离线版本。

ApplicationCache 从浏览器的缓存中分出一块缓存区，通过使用一个描述文件（manifest file），对需要下载和缓存的资源进行缓存。要想使用离线缓存功能，该Web页面至少被在线访问过一次。

使用ApplicationCache缓存具备以下几点优势：

- Web应用的离线浏览。
- 由于资源缓存在本地，加载速度快。
- 降低服务器负载。

目前Internet Explorer 10+、Firefox、Chrome、Safari 和 Opera 均支持应用程序缓存。一个页面若使用离线缓存，需要在标签中进行声明，典型的使用离线缓存的页面结构如demo8-3.html所示。

demo8-3.html

```
<!doctype HTML>
<html manifest="demo.appcache">

<body>
文档内容......
</body>
</html>
```

从以上代码可以看出，HTML 5页面通过在HTML标签声明manifest="demo.appcache"使用ApplicationCache离线缓存接口。

8.2.2 离线缓存的使用

1. 通过 manifest 清单文件配置离线缓存

离线应用需要一个清单文件manifest，manifest文件是简单的文本文件，我们可以使用它告知浏览器被缓存的内容（以及不缓存的内容），一般建议该文件的后缀名为.appcache，当然也可以自定义后缀名。

manifest文件可分为三个部分：

- CACHE MANIFEST：在此标题下列出的文件将在首次下载后进行缓存。
- NETWORK：在此标题下列出的文件需要与服务器的连接，且不会被缓存。
- FALLBACK：在此标题下列出的文件规定当页面无法访问时的回退页面（如404页面）。

一个manifest文件的典型结构如demo.appcache所示。

demo. appcache

```
CACHE MANIFEST
# 以上这行必须要写
CACHE:
# 这部分写需要缓存的资源文件列表
# 可以是相对路径也可以是绝对路径
index.html
css.css
images/logo.png
js/util.js
NETWORK:
# 可选
# 这一部分是要绕过缓存直接读取的文件
login.html
FALLBACK:
# 可选
# 这部分写当访问缓存失败后，备用访问的资源
# 下面的 FALLBACK 小节规定如果无法建立因特网连接，则用 "offline.html" 替代 /html5/目录中的所有文件
/html/ /offline.html
```

2. ApplicationCache 对象

ApplicationCache是Window 直接子对象，在JavaScript中的引用方式为：window.

applicationCache，通常可以使用以下语句来判断浏览器是否支持该对象：

```
if(window.applicationCache){
  //当前浏览器支持applicationCache
}else{
  //当前浏览器不支持applicationCache
}
```

ApplicationCache的父类是DOMApplicationCache，其常用事件见表8-4。

表 8-4　ApplicationCache 对象事件及说明

事件名称	事件触发说明
checking	User-agents检查更新或者在首次尝试下载manifest文件的时候，此事件一般是事件队列中第一个被触发的
noupdate	当检查到manifest中清单文件不需要更新时，触发该事件
downloading	第一次下载或更新manifest清单文件时，触发该事件
progress	该事件与downloading类似，但downloading事件只触发一次。progress事件则在清单文件下载过程中周期性触发
cached	当manifest清单文件下载完毕及成功缓存后，触发该事件
updateready	此事件的含义表示缓存清单文件已经下载完毕，可通过重新加载页面读取缓存文件或者通过方法SwapCache切换到新的缓存文件，常用于本地缓存更新版本后的提示
obsolete	加入访问manifest缓存文件返回HTTP404错误（页面未找到）或者410错误（永久消失）时，触发该事件
error	manifest资源请求出现404或者410错误，更新缓存的请求失败。
	manifest文件没有改变，但缓存文件中存在文件下载失败触发
	获取manifest资源文件时发生致命的错误触发
	更新manifest文件时该文件发生变化触发

ApplicationCache对象提供了相应的方法，对状态进行判断和监听，主要属性和方法见表8-5。

表 8-5　ApplicationCache 对象属性及方法

对象成员	类　型	描　述
update()	方法	发起应用程序缓存下载进程
abort()	方法	取消正在进行的缓存下载
swapcache()	方法	切换成本地最新的缓存环境
UNCACHED	属性	未缓存
IDLE	属性	闲置
CHECKING	属性	检查中
DOWNLOADING	属性	下载中
UPDATEREADY	属性	已更新
OBSOLETE	属性	失效
UNCACHED	属性	未缓存

3．ApplicationCache应用举例

1）创建appcache_demo目录用于保存相关资源文件，其目录结构如图8-9所示。

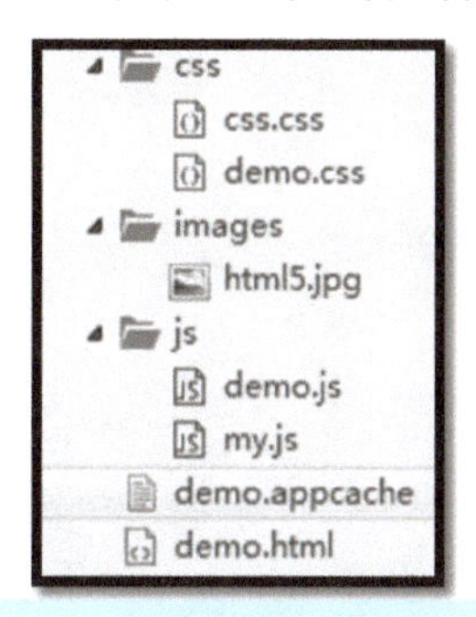

图8-9　离线应用案例目录结构

2）创建demo.appcache文件，代码如下。

demo.appcache 源码

```
CACHE MANIFEST
#列举出需要缓存的资源
CACHE：
js/demo.js
css/demo.css
images/html5.jpg
#其他资源需要网络访问
NETWORK：
*
#回退访问页面
FALLBACK：
404.html
```

3）创建css.css文件和demo.css文件，代码分别如下：

css.css 源码

```
body{
    margin：0；
    padding：0；
    background-color：#f3f3f3；
    color：green；
}
```

demo.css 源码

```
/*设置字体大小*/
body{
    font-size：20px；
}
```

4）创建demo.js和my.js文件，代码分别如下：

demo.js 源码

```
//demo.js
function show(){
    alert("demo.js");
}
```

my.js 源码

```
//my.js
function showMy(){
    alert("my.js");
}
```

5）创建demo.html，代码如下：

demo.html 源码

```
<!doctype html>
<html >
<head>
<title>离线应用DEMO</title>
<meta charset="utf-8" >
<link rel="stylesheet" type="text/css" href="css/css.css" />
<link rel="stylesheet" type="text/css" href="css/demo.css" />
<script type="text/javascript" src="js/my.js"></script>
<script type="text/javascript" src="js/demo.js"></script>
</head>
<script>
    applicationCache.addEventListener('updateready', function(e) {
        if (applicationCache.status == applicationCache.UPDATEREADY) {
            applicationCache.swapCache(); //使用新版本资源
            window.location.reload(); //刷新页面
        }
    }, false);
</script>
<body>
    <center>离线应用DEMO</center>
    <center><img src="images/html5.jpg" /></center>
    </body>
</html>
```

6）将素材中的html5.jpg拷贝到images目录下，将appcache_demo目录放置在本地服务器（IIS、Tomcat等）或远程服务器上进行测试，首次访问其效果如图8-10所示。再次访问指定资源将从缓存直接读取结果，如图8-11所示。

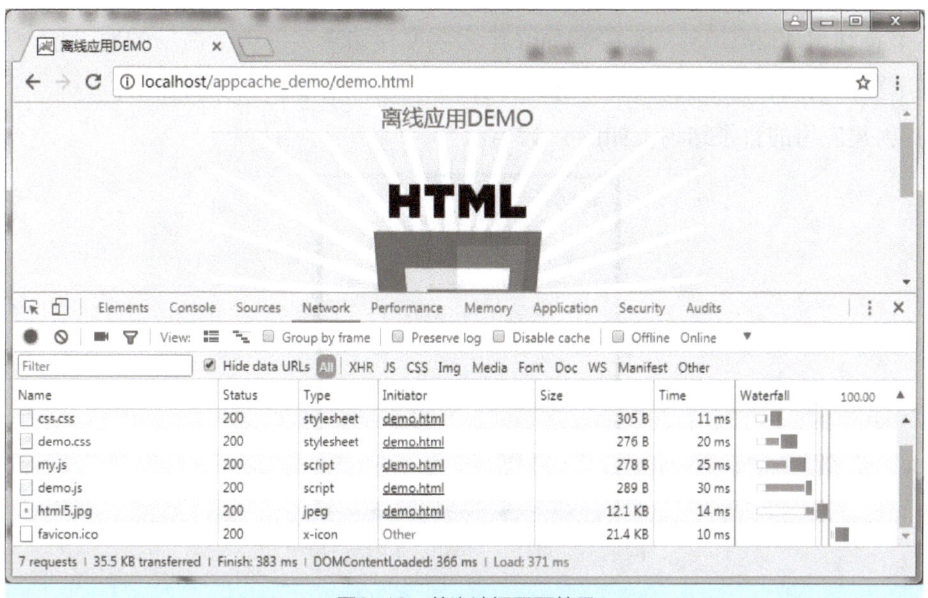

图8-10 首次访问页面效果

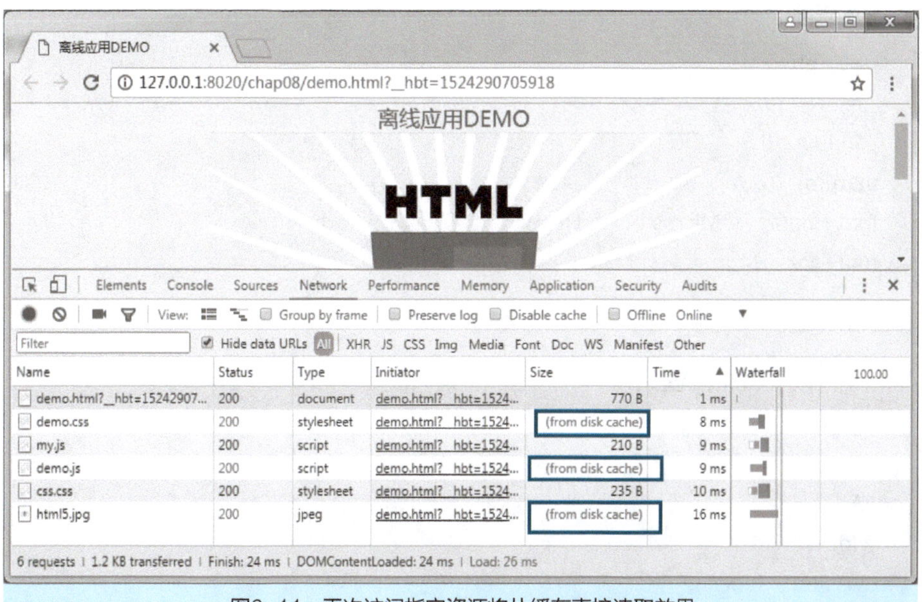

图8-11 再次访问指定资源将从缓存直接读取效果

由此可见，若要实现离线存储，首先需要将相关资源放在appcache_demo目录下，然后将目标部署到Web服务器。初次访问后，可以通过浏览器的调试模式来查看哪些资源是缓存到本地的，无须再次从服务器进行获取，这样可以大大提升访问效率，确保了再离线状态下可以使用指定的资源。

8.3 案例——HTML 5简易通讯录

本节将利用HTML 5 LocalStorage作为数据存储来实现一个简易的通讯录，通讯录可以在单页、离线状态下实现联系人信息的添加和删除功能。其步骤如下：

1）创建应用的目录结构，如图8-12所示。

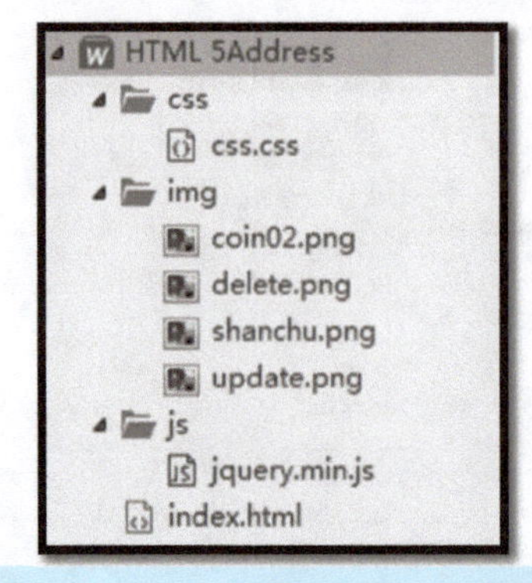

图8-12　HTML 5通讯录案例目录结构

2）编写用到的CSS文件，其代码如下：

css. css 源码

```
@charset "utf-8";
* {
    padding: 0;
    margin: 0;
    font-family: "Microsoft YaHei";
    font-size: 14px;
}
a {
    text-decoration: none;
}

#pageAll {
    width: 100%;
    overflow: hidden;
}

#pageAll .page {
    width: 96%;
    margin: 0px auto;
}
```

```
.pageTop {
    width: 100%;
    height: 45px;
    line-height: 45px;
    background-color: #f2f2f2;
}
.pageTop span {
    margin-left: 15px;
}
.pageTop a {
    color: #3695cc;
}
table {
    border-collapse: collapse;
}
tr {}
td {
    text-align: center;
    border: 1px solid #dcdbdb;
}
.tdColor {
    height: 40px;
    background-color: #f2f2f2;
    color: #438eb9;
}
.tdC {
    color: #333;
}
.connoisseur {}
.conShow {
    margin-top: 30px;
}
.cfD {
    margin-top: 15px;
}
.cfD label {
    margin-left: 20px;
}
.cfD .button {
    margin-left: 10px;
    width: 135px;
```

```
        height：30px；
        border：none；
        font-size：16px；
        color：#fff；
        background-color：#47a4e1；
    }
    .cfD .vinput {
        width：150px；
        height：30px；
        border：1px solid #ccc；
        text-indent：15px；
    }
    .cfD .userinput {
        width：220px；
        height：40px；
        border：1px solid #ccc；
        text-indent：15px；
        color：#999；
    }
    .cfD .userbtn {
        margin-left：60px；
        width：135px；
        height：40px；
        border：none；
        font-size：16px；
        color：#fff；
        background-color：#47a4e1；
    }
```

3）从教材配套资源复制对应的图片和JS文件到指定目录下，图片复制到img目录，JS文件复制到js目录。

4）修改index.html代码，其代码如下：

index.html 源码

```
<!doctype html>
<html>
    <head>
        <meta charset="utf-8" />
        <title></title>
    <link rel="stylesheet" type="text/css" href="css/css.css" />
    </head>
```

```
<body>
    <div id="pageAll">
        <div class="pageTop">
            <div class="page">
            <img src="img/coin02.png" /><span><a href="#">HTML 5 简易通讯
录</a>
            </div>
        </div>

        <div class="page">
            <!-- user 页面样式 -->
            <div class="connoisseur">
                    <div class="cfD">
                <input class="userinput" type="text" placeholder=" 输 入 姓 名 "
id="username"/>
                           -   
                <input class="userinput vpr" type="text"placeholder=" 输 入 电 话 "
id="phone"/>
        <button class="userbtn" onclick="addUser();">添加联系人</button>
                    </div>
                </div>
                <!-- user 表格 显示 -->
                <div class="conShow">

            <table border="1" cellspacing="0" cellpadding="0" class="datatable">
            <tr class="datahead">
                <td width="66px" class="tdColor tdC">序号</td>
        <td width="435px" class="tdColor">姓名</td>
        <td width="400px" class="tdColor">电话</td>
        <td width="130px" class="tdColor">操作</td>
        </tr>
        <tr height="40px" class="datarow">
                        <td>1</td>
                        <td>张三</td>
                        <td>13865009888</td>
                        <td>
        <img class="operation delban" src="img/delete.png">
                        </td>
```

```
                        </tr>
                    </table>
                </div>
                <!-- user 表格 显示 end-->
            </div>
            <!-- user 页面样式 end -->
        </div>
    </div>
</body>
<script type="text/javascript">
//暂存
var currentUsername;
//确定删除
function confirmDel(obj){
    document.getElementsByClassName("banDel")[0].style.display='none';
}
//产生一行数据的 html
function createDataRow(idx,username,phone){
    var str = '<tr height="40px" class="datarow" >';
    str = str+"<td>"+(idx+1)+"</td>";
    str = str+"<td>"+username+"</td>";
    str = str+"<td>"+phone+"</td>";
    str = str+'<td><img class="operation delban" src="img/delete.png"
onclick="shanchu(this)"></td></tr>';
    return str;
}
//显示所有联系人信息的 html
function showAll(){
    var parent = document.getElementsByClassName("datatable")[0];
    parent.innerHTML="<tr class='datahead'>"+"<td width='66px' class='tdColor tdC'>
序号</td>"+
"<td width='435px' class='tdColor'>姓名</td>"+
"<td width='400px' class='tdColor'>电话</td>"+
"<td width='130px' class='tdColor'>操作</td>"+"</tr>";
    var storage = window.localStorage;
    var len =storage.length;
    //alert("本地存储长度为"+len);
    var html="";
```

```
        for (var i=0; i<len; i++){
          var k = storage.key(i);
          var v = storage.getItem(k);
          html=html+createDataRow(i,k,v);
          //alert(html);
        }
        console.log(html);
        parent.innerHTML=parent.innerHTML+html;
}
//添加联系人
function addUser(){
        var username= document.getElementById("username").value;
        var phone = document.getElementById("phone").value;
        if(window.localStorage){
            if(username!=""&&phone!=""){
                window.localStorage.setItem(username,phone);
                document.getElementById("phone").value="";
                document.getElementById("username").value="";
                    }else{
                alert("请输入完整的联系人信息!");
            }
            showAll();
        }else{
            alert("不支持本地存储!");
        }
}
//删除联系人
function shanchu(obj){
var aKey=obj.parentNode.previousSibling.previousSibling.innerHTML;
    //alert("即将删除一条数据");
    var msg="确认删除?";
    if(confirm(msg)==true){
            window.localStorage.removeItem(aKey);
            showAll();
        }
}
</script>
</html>
```

5）在浏览器中打开页面，运行页面，其效果如图8-13所示。

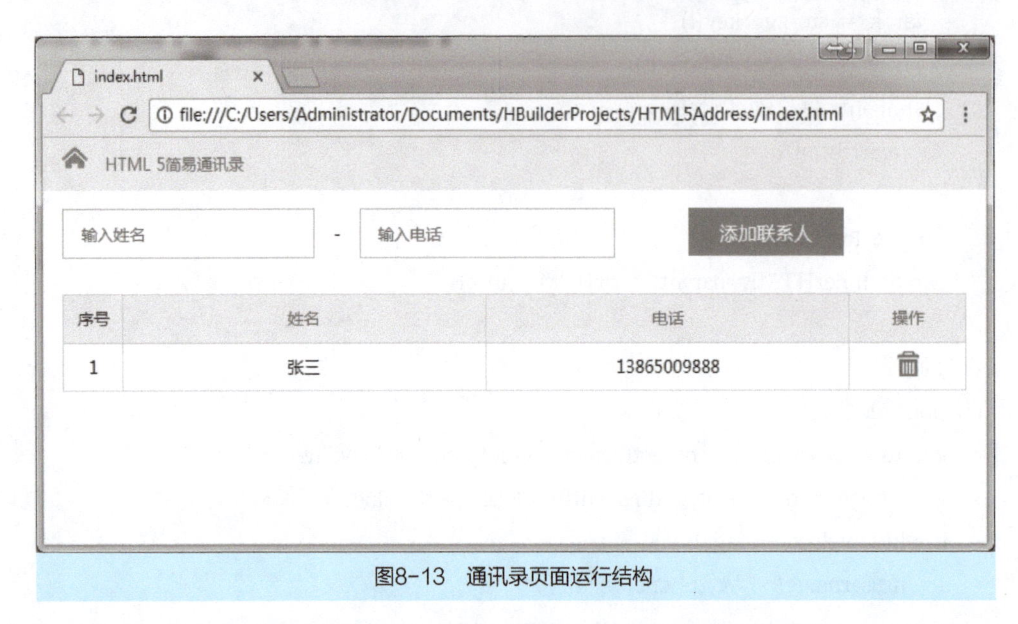

图8-13　通讯录页面运行结构

其中默认一行数据为DEMO数据，LocalStorage中并无此数据，输入一条数据，单击“添加联系人”按钮，可以将数据添加到LocalStorage中并在表格中显示出来，此时表格中只显示LocalStorage中的数据，如图8-14所示。

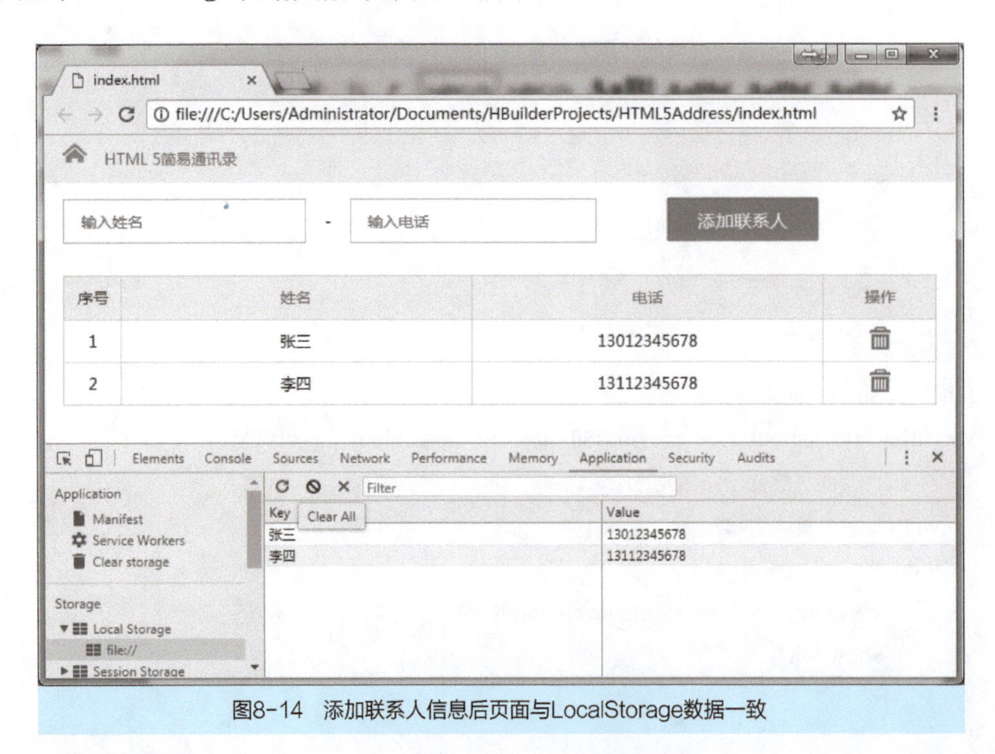

图8-14　添加联系人信息后页面与LocalStorage数据一致

单击删除图标可以对数据进行删除，如图8-14中的数据，单击“张三”所在行后的删除图标，可以从LocalStorage删除该数据，并且在表格中删除这一行，如图8-15所示。

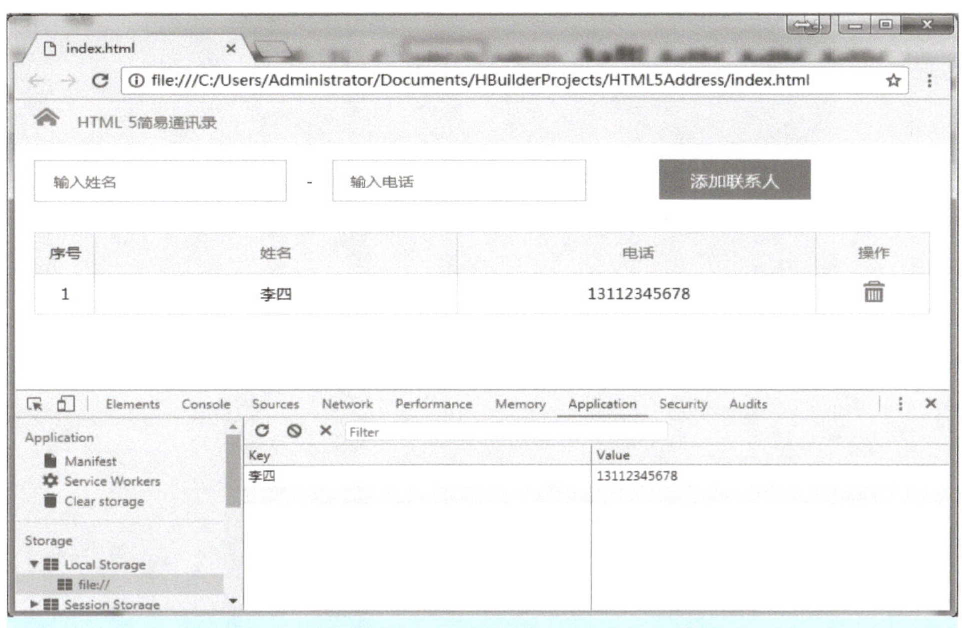

图8-15　删除联系人信息后页面与LocalStorage数据一致

本 章 小 结

本章主要对HTML 5 Web Storage和离线应用进行了介绍。重点对Web Storage的LocalStorage和SessionStorage对象API进行了学习，展示了两个对象的区别以及如何使用这两个对象对数据进行增删改查。HTML 5离线应用主要介绍了如何使用ApplicationCache对象对Web应用的各种资源进行缓存，以及如何使用配置清单来配置离线缓存资源。学习本章后，读者应掌握本地存储和离线应用的基本使用方式。

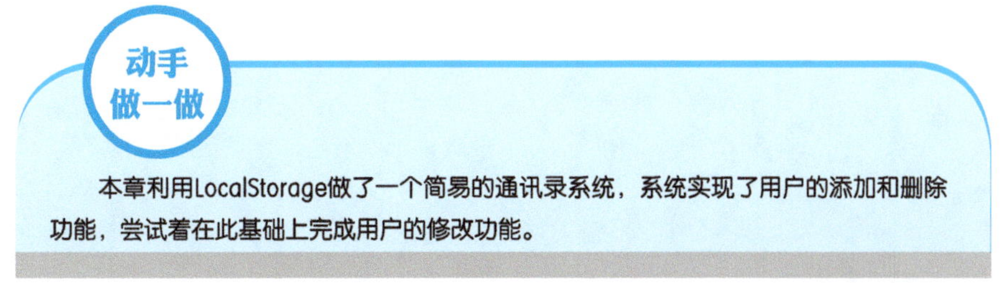

本章利用LocalStorage做了一个简易的通讯录系统，系统实现了用户的添加和删除功能，尝试着在此基础上完成用户的修改功能。

第 9 章 HTML 5 高级特性

【学习目标】

- 掌握HTML 5进行地理定位的方法。
- 掌握利用HTML 5进行Ajax访问的方法。
- 理解HTML 5 Web Workers的工作机制。
- 了解HTML 5标准规范。

本章将带领读者进一步了解HTML 5应用开发的一些高级特性，包括使用HTML 5进行地理定位，利用Ajax技术访问互联网开放API，了解Web Workers的异步运行机制，同时学习典型的HTML 5编码规范。

9.1 HTML 5地理定位

地理定位功能在Web应用、移动应用中尤为常见，用户可以根据地理定位方便地获取周边的服务和信息点，HTML 5规范中通过Geolocation API提供了对地理位置的访问接口，开发者可以通过该接口便捷获取当前地理位置信息。本节将对HTML 5地理位置应用进行详细介绍。

9.1.1 Geolocation 接口介绍

Geolocation接口用于在HTML 5页面中便捷获取用户的地理位置信息。通过该接口可以获得一个对象，该对象对当前的定位经纬度、定位精度、定位时间等信息进行封装，极大地方便了开发者的调用，目前大部分主流浏览器都支持Geolocation接口，支持情况见表9-1。

表 9-1　浏览器对 Geolocation 接口的支持情况

浏 览 器	支 持 情 况
IE	9.0+支持
Firefox	支持
Safari（含移动端）	支持
Chrome	支持
Opera（含移动端）	支持
Android	支持

值得注意的是，PC端获取地理位置信息主要基于IP；而移动端则可以调用底层的GPS信息进行精确定位，因此有GPS功能的移动端定位更为精确。

9.1.2 使用Geolocation进行定位

Geolocation对象使用navigator.geolocation进行访问，其中navigator为Window对象的属性，可以使用navigator.geolocation.getCurrentPosition（）方法获得当前位置。Geolocation对象的主要方法见表9-2。

表 9-2 Geolocation 对象的主要方法

方 法 名	描述及参数
getCurrentPosition(successCallback,errorCallback,[geolocationOptions])	获取当前位置信息 参数1：必选，成功时的回调函数 参数2：可选，失败时的回调函数 其他为可选配置参数
watchPosition(successCallback,errorCallback ,[geolocationOptions])	返回用户的位置并循环监听，时间间隔不一定 参数1：必选，成功时的回调函数 参数2：可选，失败时的回调函数 其他为可选配置参数
clearWatch()	清除watchPosition()的监听实例

表9-2中geolocationOptions为可选参数，其主要属性及含义包括以下3项：

◆ enableHighAccuracy：指示获取位置的精确度，默认为false。如果设置为true，使用精确定位(卫星定位/GPS)，在PC端浏览器基本上都执行失败的error回调。

◆ timeout：获取位置的最长等待时间，默认不限时间。

◆ maximumAge：接受不超过指定时间（毫秒）的缓存位置，也就是在重复获取位置时，多长时间之后再次获取位置。

getCurrentPosition()方法访问成功时将会返回一个position对象，该对象属性包含一个Coordinate对象实例coords和时间戳timestamp，见表9-3。

表 9-3 getCurrentPosition() 返回 position 对象属性

对象属性名	说 明
coords.latitude	十进制数的纬度
coords.longitude	十进制数的经度
coords.accuracy	位置精度
coords.altitude	海拔，海平面以上，以米计
coords.altitudeAccuracy	位置的海拔精度
coords.heading	方向，从正北开始，以度计
coords.speed	速度，以米每秒计
timestamp	响应的日期/时间

demo9-1.html演示了如何在页面中使用Geolocation获取当前地理位置信息，代码如demo9-1.html所示。

demo9-1.html

```
<!doctype html>
<html lang="en">
```

```
    <head>
        <meta charset="UTF-8">
        <!--设置自适应屏幕宽度高度-->
        <meta name="viewport" content="width=device-width,initial-scale=1.0, minimum-scale=1.0, maximum-scale=1.0, user-scalable=no"/>
        <title>Title</title>
        <script>
            //将地理位置信息显示到页面
            function showLocationInfo(position){
                var lon=position.coords.longitude;//经度
                var lat=position.coords.latitude; //纬度
                var acc=position.coords.accuracy; //精度
                var alt=position.coords.altitude; //海拔

                var info = "当前位置信息：【经度："+lon+"，纬度："+lat+",精度："+acc+"米，海拔："+alt+"米】";
                document.getElementById("info").innerHTML=info;
            }
            //获取当前地理位置
            function getPosition(){
                if(window.navigator.geolocation){
                    document.getElementById("info").innerHTML="正在获取位置，请稍候...";
    navigator.geolocation.getCurrentPosition(successCallback,errorCallback);
                }else{
                    alert("当前浏览器不支持HTML 5定位");
                }
            }
            //成功获取地理位置后的回调函数
            function successCallback(position){
                showLocationInfo(position);
            }
            //获取失败回调方法
            function errorCallback(){
                alert("获取位置失败.");
            }

        </script>
    </head>
    <body>
        <input type="button" value="单击获取当前地理位置"  onclick="getPosition()"/><br />
        <p id="info"></p>
```

```
</body>
</html>
```

为确保demo9-1.html能够正常运行，请分别在PC端和移动端运行测试，单击按钮进行定位。PC端获取位置失败的运行结果截图如图9-1所示。

图9-1　PC端获取位置失败的运行结果截图

由于PC端一般不支持GPS，因此demo9-1.html需在移动设备上进行测试，获取位置成功的可能性较大，移动端运行结果截图如图9-2所示。

图9-2　移动端运行结果截图

9.1.3 调用高德地图

高德地图是目前应用最为广泛的地图之一，为开发者提供了丰富的JS API接口，demo9-2.html展示了使用HTML 5 Geolocation获取页面地理位置坐标，并在地图上进行展示的案例，代码如demo9-2.html所示。

demo9-2.html

```
<!doctype html>
<html>
<head>
    <meta charset="utf-8">
    <meta http-equiv="X-UA-Compatible" content="IE=edge">
    <meta name="viewport" content="initial-scale=1.0, user-scalable=no, width=device-width">
    <title>高德地图</title>
    <link rel="stylesheet" href="http://cache.amap.com/lbs/static/main1119.css"/>
    <script src="http://cache.amap.com/lbs/static/es5.min.js"></script>
    <!--key为申请的高德JS API开发KEY-->
    <script src="http://webapi.amap.com/maps?v=1.4.6&key=009fa4f03f5db0840cabd04cf0f
71c1b"></script>
</head>
<body>
<div id="container"></div>
<script>
   if(navigator.geolocation) {
     navigator.geolocation.getCurrentPosition(function (position) {
            var latitude = position.coords.latitude; // 纬度
            var longitude =position.coords.longitude; // 经度
           //--------------
           //利用定位的经纬度来定位地图中心位置
           var map = new AMap.Map( 'container' , {
                  resizeEnable: true,
                  zoom:13,//缩放级别
                  center: [longitude, latitude]
              });
              //添加标注
              var marker = new AMap.Marker({
                     position: [longitude, latitude]
           });
           //构建信息提示窗口
           var info = new AMap.InfoWindow({
```

```
                        content:"您在此位置！",
                        offset:new AMap.Pixel(0,-28)
                    })
                    //打开信息提示窗口
                    info.open(map,marker.getPosition())
            });
        }else{
            alert("定位失败！");
        }
    </script>
    </body>
    </html>
```

由于该页面需要进行定位，为保证案例正常运行，请使用移动端或支持定位的浏览器运行，其运行结果如图9-3所示。

图9-3 调用高德地图运行结果

9.2 HTML 5 Ajax访问网络

Ajax是Asynchronous JavaScript and XML（异步的JavaScript和XML）的简称，即异步刷新技术，通过Ajax可以实现在不刷新页面的情况下访问服务器，如利用百度进行搜索时，输入词句的开头就可以自动出现匹配列表。Ajax技术提升了用户体验感，减少了页面显示的不必要内容，目前Ajax是前端开发人员和后台开发人员都必须掌握的技术。

9.2.1 使用XMLHttpRequest进行Ajax访问

XMLHttpRequest对象用于网页与服务器交换数据。该对象可以在不重新加载页面的情况下更新网页，也可以在页面已加载后，从服务器请求数据和向服务器发送数据。所有现代浏览器（IE7+、Firefox、Chrome、Safari以及Opera）都内建了XMLHttpRequest对象。通过一行简单的JavaScript代码，就可以创建XMLHttpRequest对象。

构建该对象的示例代码如下：

```
request=new XMLHttpRequest();
```

为了方便演示，利用该对象请求与示例页面处于同一目录下的数据data.json，数据格式为JSON。

```
data.json
{
    "users":[
        {
            "username":"tom",
            "password":"123"
        },{
            "username":"张三",
            "password":"123456"
        },{
            "username":"admin",
            "password":"admin"
        }
    ],
    "updateTime":"2017-08-08"
}
```

示例demo9-3.html与data.json在同一目录下，可以使用Ajax技术对data.json进行异步访问，其代码如下：

demo9-3.html

```
<!doctype html>
<html>
  <head>
        <meta charset="UTF-8">
        <title></title>
        <script>
                //成功时的回调函数
                function prcessStateChanged(e){
                        //如果是成功返回则在div显示数据
                        if(e.target.readyState == XMLHttpRequest.DONE &&
e.target.status == 200){
                        document.getElementById("data").innerHTML = e.target.
responseText;
                        //将获得的JSON字符串转换成JSON对象进行访问
                        var jsonObj = eval("(" + e.target.responseText + ")");
                        alert(jsonObj.users[0].username);
                        }
                }
                //Ajax方式获取数据
                function getDataByAjax(){
                        //构建异步请求对象
                        var httpRequest = new XMLHttpRequest();
                        //注册状态变化回调函数
                        httpRequest.onreadystatechange=prcessStateChanged;
                        //初始化一个请求(data.json与当前网页在同一目录下，运行在服
务器端)
                        httpRequest.open("GET", "data.json?id=1");
                        //发送异步请求
                        httpRequest.send();
                }
        </script>
  </head>
  <body>
        <button id="button" onclick="getDataByAjax()">Ajax获取数据</button>
        <div id="data"></div>
  </body>
</html>
```

由于Ajax需要服务器端的支持，故本案例需在服务器端运行，如IIS7或Tomcat等，运行结果如图9-4所示。

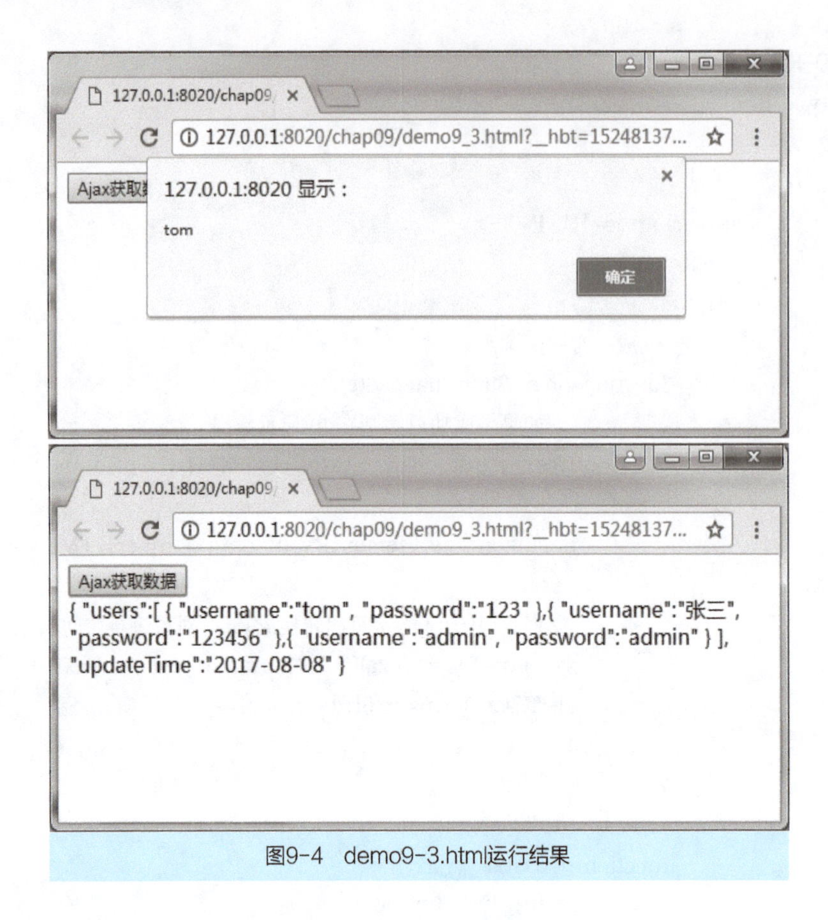

图9-4　demo9-3.html运行结果

9.2.2　使用jQuery进行Ajax访问

jQuery是一个JavaScript库，使用jQuery极大地简化了JavaScript编程。它封装JavaScript常用的功能代码，提供一种简便的JavaScript设计模式，优化HTML文档操作、事件处理、动画设计和Ajax交互。

jQuery中，对Ajax操作进行了封装，使用jQuery可以极大地简化Ajax的代码编写，其主要的Ajax方法见表9-4。

表 9-4　jQuery 中的主要的 Ajax 方法介绍

Ajax方法	描　述
$.ajax()	执行异步AJAX请求
$.get()	使用AJAX的HTTP GET请求从服务器加载数据
$.getJSON()	使用HTTP GET请求从服务器加载JSON编码的数据
$.post()	使用AJAX的HTTP POST请求从服务器加载数据

在实际应用中，$.ajax()可以解决绝大部分Ajax请求，其语法格式如下：

```
$.ajax({name:value, name:value, ... })
```

ajax主要参数见表9-5。

表 9-5　ajax 主要参数介绍

参　数	描　述
async	布尔值，表示请求是否异步处理，默认是 true
data	规定要发送到服务器的数据
dataType	预期的服务器响应的数据类型
success(result,status,xhr)	当请求成功时运行的函数
url	规定发送请求的 URL，默认是当前页面
type	规定请求的类型（GET 或 POST）

demo9-4.html演示了如何使用jQuery ajax方法访问data.json数据，其代码如下：

demo9-4.html

```
<!doctype html>
<html>
   <head>
       <meta charset="UTF-8">
       <title>使用JQuery进行Ajax访问</title>
       <script src="js/jquery.min.js"></script>
       <script>
           //利用JQuery进行Ajax访问
           function getDataByAjax() {
                   $.ajax({
                       type: "GET",                //提交方式
                       url: "data.json",     //访问路径
                       data: {                            //JSON数据参数
                           "id": 1,
                           "username":"张三"
                   },
                                   dataType:"json",//返回JSON格式数据
                                   success: function(result) {//成功时回调函数
                       //遍历返回的JSON数据并输出
                       var html="";
                       var users = result.users;
                       $.each(users,function(index,obj){//遍历JSON数据
                          html=html+"<p>用户"+(index+1)+"信息: "+obj.username+", 密
码: "+obj.password+"</p>";
```

```
                    });
                    html=html+"<p>数据更新时间："+result.updateTime+"</p>";
                    //将数据追加到页面
                    $("#data").html(html);
                    }
                });
            }
        </script>
    </head>
    <body>
    <button id="button" onclick="getDataByAjax()">Ajax获取数据</button>
        <div id="data"></div>
    </body>
</html>
```

demo9-4.html需在服务器端运行，其运行结果如图9-5所示。

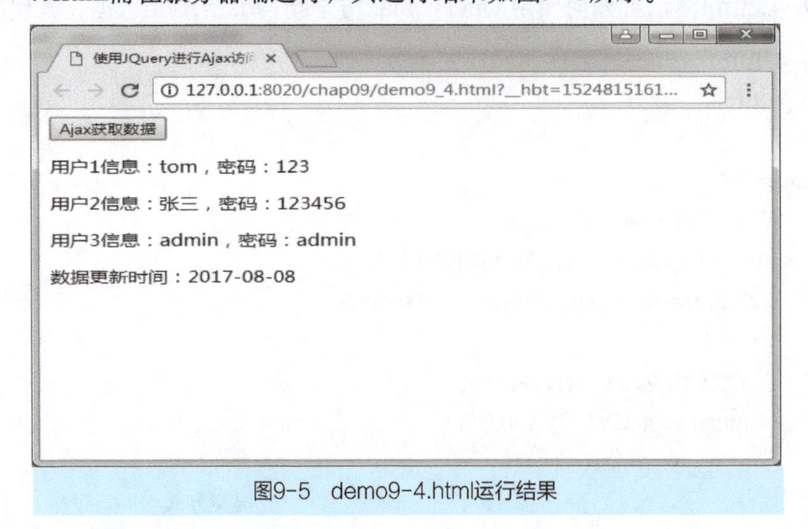

图9-5　demo9-4.html运行结果

9.2.3　Ajax跨域数据访问

跨域是指从一个域名的网页去请求另一个域名的资源。例如，从www.baidu.com页面去请求www.sohu.com的资源。只要协议、域名、端口有任何一点不同，就被当作是跨域。

简单来讲，就是访问不在同一个域名下的资源。使用jQuery可以简单地实现跨域访问，与同域的Ajax访问类似，只需把数据类型“json”改为“jsonp”即可，其语法格式如下：

```
$.ajax(
    {
        type:'get',
        url : 'http://www.youxiaju.com/a.html', //访问url
```

```
            dataType ：'jsonp'， //这里需要明确为jsonp
            jsonp:"jsoncallback"， //重写回调函数的名字
            success  ：function(data) {
               //处理数据
            },
            error ：function() {
                 //出错处理
            }
        }
    );
```

demo9-5.html演示了本地静态页面通过跨域访问豆瓣电影的开放API来获取一部电影的数据，其代码如下：

demo9-5.html

```
<!doctype html>
<html>
    <head>
        <meta charset="UTF-8">
        <title>Ajax跨域访问</title>
        <script src="js/jquery.min.js"></script>
        <script>
            //利用JQuery进行Ajax访问
            function getDataByAjax() {
                $.ajax({
                    type："GET"，             //提交方式
                    url："https://api.douban.com/v2/movie/1292052"，//访问豆瓣电影
                    data：{                              //JSON数据参数
                         "id"：1，
                          "username":"张三"
                    },
                    dataType:"jsonp"，//JSONP跨域访问
                    success：function(result) {//成功时回调函数
                         //将电影数据显示
                         //电影海报
                         $("#img").attr("src",result.image);
                         //电影名
                         $("#title").text("名称："+result.alt_title);
                         //豆瓣评分
                         $("#rate").text("评分："+result.rating.average);
                         //主演
                         $("#author").text("主演："+result.author[0].name);
                         //简介
```

```
                    var str="<font style='font-weight: bold;'>剧情简介: </font>";
                    $("#desc").html(str+result.summary);
                }
            });
        }
    </script>
</head>
<body>
    <button id="button" onclick="getDataByAjax()">Ajax跨域获得豆瓣电影数据</
button>
    <p>
        <img id="img"/>
    </p>
    <p id="title" style="font-weight: bold;"></p>
    <p id="rate" style="font-weight: bold;"></p>
    <p id="author" style="font-weight: bold;"></p>
    <p id="desc"></p>
</body>
</html>
```

其运行结果如图9-6所示。

图9-6　demo9-5.html运行结果

9.3 HTML 5 Web Workers

HTML 5的Web Workers提供了JS的后台处理线程的API，它允许将复杂耗时的单纯JS逻辑处理放在浏览器后台线程中进行处理，让JS线程不阻塞UI线程的渲染。这个线程不能和页面进行交互，如获取元素、alert等，但可以进行计数、运算等操作。多个线程间也是可以通过相同的方法进行数据传递，目前主流浏览器（IE 10+等）都支持Web Workers。

页面和worker对象之间通过onmessage回调方法进行通信，下面示例演示了如何使用Web Workers实现页面和worker对象之间的通信。

1）定义worker.js,该文件定义了一个独立JS来进行模拟业务逻辑处理，本案例中为一个每隔5秒进行计数的功能，其代码如下：

worker.js

```
var i=0;
function count()
{
    i=i+1;
    postMessage(i);
    setTimeout("count()",500);
}
count();
```

2）定义调用页面，并在页面中定义一个与worker.js对应的worker对象，该对象与当前页面通过onmessage进行通信，其代码如下：

demo9-6.html

```
<!doctype html>
<html>
    <head>
            <meta charset="utf-8">
            <title>使用Web Workers计数</title>
    </head>
    <body>
            <p>计数结果为：<output id="sum"></output></p>
            <button onclick="startWorker()">开始计数</button>
```

```
        <button onclick="stopWorker()">停止计数</button>
        <script>
            //定义worker
            var worker;
            //启动一个worker计数
            function startworker() {
                //判断worker对象是否存在
                if(typeof(worker) !== "undefined") {
                    if(typeof(worker) == "undefined") {
                        //构建worker对象
                        worker = new Worker("js/worker.js");
                    }
                    //接收worker对象 (worker.js)的数据结果
                    worker.onmessage = function(event) {
                        document.getElementById("sum").innerHTML = event.data;
                    };
                } else {
                    document.getElementById("sum").innerHTML = "当前浏览器不
支持 Web Workers!";
                }
            }
            //停止worker
            function stopWorker() {
                //停止worker
                worker.terminate();
                //销毁worker
                worker = undefined;
            }
        </script>
    </body>
</html>
```

在上述案例中，通过worker = new Worker(“js/worker.js”)将worker.js包装成为一个worker对象，worker对象通过onmessage获取worker.js传递过来的数据，而在worker.js中，通过postMessage(i)将数据传递给页面，页面通过event.data获取该数据，程序的运行结果如图9-7所示。

图9-7 demo9-6.html运行结果

9.4 HTML 5标准规范

HTML 5是HTML的最新修订版，相对于之前的标准添加了许多新的语法特征，主要包括以下几点：

- 新增了<video>、<audio>和<canvas>，同时集成了SVG内容，这些元素可更容易地在网页中添加和处理多媒体和图片内容。
- 新增<section>、<article>、<header>和<nav>，可丰富文档的数据内容。
- APIs和DOM已经成为HTML 5中的基础部分。
- HTML 5定义了处理非法文档的具体细节，使得所有浏览器和客户端程序能够一致地处理语法错误。

HTML 5标准规范的应用可以提高浏览器兼容性与SEO、保持代码结构的整洁性、保障标签元素的正确嵌套。本节对HTML 5标准规范进行逐一介绍。

9.4.1 HTML 5文档结构标准

1. 文档结构的声明

在每一个HTML 5页面的第一行添加标准模式的声明，必须使用如下声明：

```
<!doctype html>
```

2. 区域语言属性

为HTML根元素制定lang属性，从而为文档设置正确的语言。这将有助于语音合成工具确定其所应该采用的发音，有助于翻译工具确定其翻译时所应遵守的规则。其示例代码如下：

```
<html lang="zh">
```

3. 浏览器判断与兼容

通过编写以下代码，可以对浏览器进行判断，从而针对不同的浏览器进行相应的处理，其示例代码如下：

```
<!doctype html>
<!--[if lt IE 7]> <html class="no-js lt-ie9 lt-ie8 lt-ie7" lang="zh"> <![endif]-->
<!--[if IE 7]>    <html class="no-js lt-ie9 lt-ie8" lang="zh"> <![endif]-->
<!--[if IE 8]>    <html class="no-js lt-ie9" lang="zh"> <![endif]-->
<!--[if gt IE 8]><!--> <html class="no-js" lang="zh"> <!--<![endif]-->
```

4. 使用 viewport 属性

HTML 5可以通过viewport属性，使得页面可在不同大小的设备上显示，其示例代码如下：

```
<meta name="viewport" content="width=device-width">
```

5. IE 兼容设置

IE 支持通过特定的<meta>来确定绘制当前页面所应该采用的 IE 版本。除非有强烈的特殊需求，否则设置为edge mode，从而通知 IE 采用其所支持的最新的模式，其示例代码如下：

```
<meta http-equiv="X-UA-Compatible" content="IE=Edge" />
```

6. 页面字符编码

页面所有标记都应设置为utf-8，它应该同时指定在HTTP报头和文档头部，其示例代码如下：

```
<meta charset="utf-8">
```

7. 文档自描述

为了更好地让搜索引擎找到页面，必须写上keywords和description，其示例代码如下：

```
<meta name="description" content="描述内容…">
<meta name="keywords" content="页面关键字…">
```

8. 页面标题

HTML 5页面需每个页面加上有意义的标题，代码如下：

```
<title>HTML5 standardization</title>
```

9. 忽略 JavaScript 和 CSS 引入的 type 属性

HTML 5将样式表和脚本中的type省略，除非你不是用的CSS或JavaScript，在HTML 5，该值默认是text/css和text/javascript。

10. 关注点分离

HTML 5建议将结构(markup)、表现样式(style)和行为动作(script)分开处理,尽量使三者之间的关联度降到最小,这样有利于维护，主要包括以下3点：

- 将CSS文件引入并放入<head>中。
- 将JavaScript文件引入并置于body底部。
- 将所有的代码小写，包括元素名称、属性和属性值（除非text或CDATA的内容）、选择器、CSS属性和属性值（字符串除外）。其示例代码如下：

```
<!—不推荐 -->
<A HREF="/">Home</A>
<!—推荐-->
<img src="hengtian.png" alt="hengtian">
<!—不推荐 -->
color：#E5E5E5；
<!—推荐 -->
color：#e5e5e5；
```

11. 使用空格缩进

每次缩进使用4个空格，不要使用<Tab>（制表符），其示例代码如下：

```
.demo {
    color：yellow；
}
<ul>
    <li>Item1</li>
    <li>Item2</li>
</ul>
```

12. 元素嵌套规则

块元素可以包含内联元素或某些块元素，但内联元素却不能包含块元素，它只能包含其他的内联元素，HTML 5块级元素与内嵌元素分类见表9-6。

表 9-6 HTML 5 块级元素与内嵌元素分类

分　类	主 要 元 素
块级元素	address、blockquote、center、dir、div、dl、dt、dd、fieldset、form、h1~h6、hr、isindex、menu、noframes、noscript、ol、p、pre、table、ul
内嵌元素	a、abbr、acronym、b、bdo、big、br、cite、code、dfn、em、font、i、img、input、kbd、label、q、s、samp、select、small、span、strike、strong、sub、sup、textarea、tt、u、var

其示例代码如下：

```
<!—推荐-->
```

```
<div><h1></h1><p></p></div>
<!—推荐-->
<a href="#"><span></span></a>
<!—不推荐-->
<span><div></div></span>
```

h1、h2、h3、h4、h5、h6、p、dt这几个块级元素只能包含内嵌元素，不能再包含块级元素。

9.4.2 HTML 5代码规范

1. 代码注释

单行注释，需在<!-- -->前空一格;多行注释，注释起始和结尾都另起一行，注释内容缩进4个空格，不要使用<Tab>。示例代码如下：

```
<!-- 单行注释 -->
<p>This is a comment</p>
<!--
    多行注释多行注释多行注释多行注释多行注释多行注释多行注释多行注释多行注释多行注释多行注释多行注释多行注释多行注释多行注释。
-->
```

2. 使用合适的语义元素

根据标签的语义来合理使用它，如使用footer元素来定义页脚，section元素来定义文档中的章节，这对代码的执行效率和可读性都非常重要，示例代码如下：

```
<!-- 不推荐 -->
<div>
<h1>Journey</h1>
<p>One day you finally knew what you had to do, and began.</p>
</div>
<!-- 推荐 -->
<section>
<h1>Journey</h1>
<p>One day you finally knew what you had to do, and began.</p>
</section>
```

3. 图片与颜色的使用

使用图片和颜色时，请尽量按照以下规则：

- 为图片添加width和height可提升页面加载速度。
- 为所有img添加alt属性。
- 不要使用或尽量少用gif文件。

4. 代码待定项处理

将未实现或待定内容用TODO标记出来，如需要可将TODO项的负责人也列出来，并可再写上需要做的内容，示例代码如下：

```
<!-- TODO(Jason) ：add more items -->
```

5. 布尔属性的处理

拥有布尔类型属性的元素需给出初始值，示例代码如下：

```
<input type="text" disabled="disabled">
<select>
    <option value="1" selected="slected">item</option>
</select>
```

6. 内容与展现相分离的原则

遵循内容与展现相分离的原则，99%的展现设计应该在CSS样式中，力争做到以下几点：

- 不要使用内联样式，如：<div style="border：1px">。
- 不要用<p>代替
来对内容换行。
- 不要使用<em>和<strong>,用CSS来控制。
- 不要使用<i>和<b>，HTML 5不赞成使用。

7. HTML 5 中移除的元素

为了更好地体现页面的规范性，HTML 5对原有标准进行了改进，移除了一些容易引起问题的元素，见表9-7。

表 9-7 HTML 5 中移除的元素

被移除的元素	替 代 方 案
<acronym>	使用<abbr>标签替代
<applet>	使用<object>标签替代
<basefont>	使用CSS来设置大小
<big>	使用CSS中font size来实现
<dir>	使用<ul>标签代替
<font>	使用CSS来实现
<frame>	糟糕的可用性和访问性
<frameset>	糟糕的可用性和访问性
<isindex>	使用HTML5表单控件来替代
<noframes>	糟糕的可用性和访问性
<s>	使用CSS来实现
<strike>	使用CSS来实现
<tt>	使用CSS来实现
<u>	使用CSS来实现

在进行页面设计和编码时，尽量避免使用已经被移除的属性，尽量采用CSS来实现这些属性的功能。

本 章 小 结

本章主要对HTML 5地理定位、Ajax以及Web Workers进行介绍，同时详细阐述了HTML 5的文档结构标准和代码规范。使用HTML 5提供的地理定位功能，可以方便地获取地理位置；HTML 5提供的XMLHttpRequest对象可以方便地进行异步访问，Web Workers特性可以极大地方便HTML 5页面进行多线程编程。学习本章后，读者应可以综合利用HTML 5各种特性和规范进行应用开发。

动手做一做

本章对地理定位的功能和Ajax访问进行了讲解，请同学们利用这两个特性，利用高德地图开放平台做一个属于自己的单页应用吧！

第 10 章 项目实战

【学习目标】

- 能够使用HTML 5+CSS3进行网页的设计制作。
- 能够使用本地存储及离线应用进行网站设计制作。

本章带领读者利用前9章所学到的知识进行项目实战，制作一个HTML 5网页。

10.1 页面效果分析

本章将运用前9章所学的知识，开发一个网页项目—— 绚动网页制作，其效果图如图10−1所示。

图10−1　页面效果图

作为一个专业的网页制作人员，当拿到一个页面的效果图时，首先要做的就是对效果图进行分析，做好准备工作。

网页整体分4部分：一是顶层的登录注册部分，二是菜单栏部分，三是页面中间的LOGO及文字部分，四是页面动态效果部分。

1）顶层登录注册部分：背景为深色，非动态。左侧为网站的LOGO（小），右侧为“登录｜注册”文字。有指针悬停效果。当指针悬停时，文字的色彩由浅变深。

2）菜单栏部分：这部分和网站整体的背景效果一样，是动态背景。整个动态背景由一个视频标签嵌入。该菜单栏部分没有文字，只有图标，如图10−2所示。

图10−2　菜单栏部分

这些图标并不是图片，而是文字图标。可以导入一个文字图标资源，通过这种形式来实现图标效果。图标的悬停动态效果为：外层盒子变大，颜色变浅色；图标颜色变深色，如图10−3所示。

图10-3　鼠标悬停效果

3）LOGO及文字部分：这部分较简单。LOGO为一张图片，此部分没有动态效果。但文字下方有按钮，按钮在指针没有移动到LOGO部分的时候是不会出现的。一旦指针移动到了LOGO部分，两个按钮则对向进入到页面中，如图10–4所示。

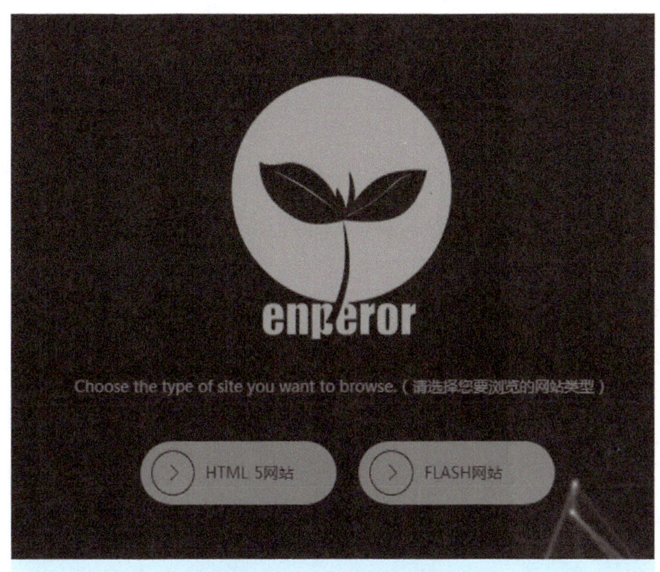

图10-4　LOGO部分动态效果

其中，按钮的动态效果如图10–5所示。

图10-5　按钮的动态效果

10.2　页面效果实现

1．页面外层 DIV

通过分析最终效果图，可以得知最上层是顶部的登录注册部分。该部分是没有动态视频的，其背景为深灰色。所以不需要把动态视频扩展到该位置。最外层只需一个DIV层，做成自适应界面即可。布局代码如下所示：

```
//页面最外层
    <div class="videobox">
      ...
    </div>
```

样式代码如下所示：

```
//页面最外层样式
.videobox{
    width:100%;
    height:100%;
    overflow:hidden;
    position:absolute;
}
```

2．登录注册部分

该部分选择使用HTML 5的语义元素标签section来进行布局。布局代码如下所示：

```
<header>
    <div class="con">
        <section class="left"></section>
        <section class="right">
            <a href="#">登录</a>
            <a href="#">注册</a>
    </section>
    </div>
</header>
```

样式代码如下所示：

```
/* header样式部分 */
.videobox header{
    width:100%;
    height:40px;
    background: #333;
    z-index: 999;
    position: absolute;
}
.videobox header .con{
    width:1030px;
    height:40px;
    margin:0 auto;
}
.videobox header .left{
    width:75px;
    height:27px;
```

```
    background:url(../images/logo.png) 0 0 no-repeat;
    margin-top: 10px;
    float: left;
}
.videobox header .right{
    margin-top: 10px;
    float: right;
    font-family: "freshskin";
}
.videobox header .right a{margin-right: 10px;}
```

3. 菜单栏部分

菜单栏部分使用到的图标为字体图标。所以需要在CSS样式表中引入字体图标文件。代码如下：

```
@font-face {
     font-family: 'freshskin';
           src:url('../fonts/iconfont.ttf');
}
```

引入字体图标之后，在布局代码中就可以直接使用了。菜单栏还有指针悬浮效果。布局代码如下所示：

```
<nav>
  <ul>
  <li>
          <a href="#">&#xe65e;</a>
          <a href="#">&#xe608;</a>
          <a href="#">&#xf012a;</a>
          <a href="#">&#xe68e;</a>
  </li>
  <li>
          <a href="#">&#xe65e;</a>
          <a href="#">&#xe608;</a>
          <a href="#">&#xf012a;</a>
          <a href="#">&#xe68e;</a>
  </li>
  <li>
          <a href="#">&#xe65e;</a>
          <a href="#">&#xe608;</a>
          <a href="#">&#xf012a;</a>
          <a href="#">&#xe68e;</a>
  </li>
  </ul>
</nav>
```

CSS代码如下所示：

```
/* nav样式表部分 */
.videobox nav{
    width:100%;
    height:90px;
    z-index: 1000;
    position: absolute;
    top:40px;
    border-bottom: 1px solid #fff;
}
.videobox nav ul{
    height:90px;
    text-align:center;
}
.videobox nav ul li{
    width:280px;
    height:32px;
    margin:32px auto 0;
    font-family: "freshskin";
    text-align: center;
    line-height: 32px;
    font-size: 16px;
    display:inline-block;
}
.videobox nav ul li a{
    width:32px;
    height:32px;
    color:#fff;
    box-shadow: 0 0 0 16px #666 inset;
    transition:all 0.5s ease 0s;
    border-radius:50%;
    margin-left: 30px;
    opacity:0.8;
}
.videobox nav ul li a:hover{
    box-shadow: 0
0 0 16px #fff inset;
    color:#000;
    opacity:1;
    -webkit-transform:scale(1.25);
display: inline-block;
    }
```

4．动态背景部分

动态背景是在页面中添加的视频，并且将视频大小通过样式调整自适应屏幕大小。这里也是使用的HTML 5<video>来进行添加。

除了视频<video>之外，也加入了音频<audio>。视频与音频都是在页面加载完成之后自动且循环播放的。

布局代码如下所示：

```
<video src="video/lizi.webm" autoplay loop ></video>
<audio src="audio/home.ogg" autoplay loop></audio>
```

样式代码如下所示：

```
.videobox video{
    min-width:1280px;
    width:100%;
    position: absolute;
        //以下几行代码的目的是让视频在画面中居中放置
        top:50%;
    left:50%;
    transform:translate(-50%,-50%);
}
```

5．中间 LOGO 部分

这部分内容较少。动态效果部分是按钮的动态效果，当指针移动到屏幕中央的LOGO部分的时候，两个按钮分别从两边移动到中央。可以让用户进行语言的切换。

布局代码如下所示：

```
<div class="pic">
 <p>Choose the type of site you want to browse.（请选择您要浏览的网站类型）</p>
   <ul>
    <li class="one"><span>&#xe662;</span>HTML 5网站</li>
    <li class="two"><span>&#xe662;</span>FLASH网站</li>
  </ul>
</div>
```

样式代码如下所示：

```
  /* logo样式代码部分 */
.videobox .pic{
    width:570px;
    height:248px;
    position: absolute;
    left:50%;
    top:50%;
    transform:translate(-50%,-50%);
    background: url(../images/wenzi.png) no-repeat center center;
    text-align: center;
```

```
        opacity:0.7;
    }
    .videobox .pic p{
        margin-top: 280px;
        color:#ccc;
    }
    .videobox .pic ul{
        position: absolute;
        color:#000;
    }
    .videobox .pic ul li{
        width:180px;
        height:56px;
        border-radius: 28px;
        background: #fff;
        text-align: left;
    }
    .videobox .pic ul .one{
        line-height: 56px;
        position: absolute;
        left: -1920px;
        top:40px;
        opacity: 0;
        transition:all 1s ease-in 0s;
    }
    .videobox .pic ul .two{
        line-height: 56px;
        position: absolute;
        left: 1920px;
        top:40px;
        opacity: 0;
        transition:all 1s ease-in 0s;
    }
    body:hover .videobox .pic ul .one{
        position: absolute;
        left:100px;
        top:40px;
        opacity:0.8;
    }
    body:hover .videobox .pic ul .two{
        position: absolute;
        left:300px;
        top:40px;
        opacity:0.8;
```

```
}
.videobox .pic ul .one span,.videobox .pic ul .two span{
    float: left;
    width:40px;
    height: 40px;
    text-align: center;
    line-height: 40px;
    border-radius: 20px;
    margin:8px 10px 0 10px;
    box-shadow: 0 0 0 1px #000 inset;
    transition:box-shadow 0.3s ease 0s;
    font-family: "freshskin";
    font-weight: bold;
    color:#000;
}
.videobox .pic ul .one:hover span,.videobox .pic ul .two:hover span{
    box-shadow: 0 0 0 20px #000 inset;
    color:#fff;
}
```

至此，所有代码结束。最后运行完整的index.html文件，会得到效果图10-1的页面效果。

本章小结

通过这个完整的HTML 5页面的制作，读者会对HTML 5页面有了更深一步的了解和掌握，并对前面所学到的知识有了更进一步的理解，并能够熟练运用HTML 5+CSS3实现网页布局及动态效果实现。

本书可以作为初学者循序渐进学习HTML 5的实例教程，帮助初学者轻松入门，快速提升，解决以后项目开发过程中的实际问题。

请读者利用所学到的前9章的基础知识及技能，自己动手来做一个动态HTML 5页面吧！

参 考 文 献

[1] 传智播客高教产品研发部．HTML 5+CSS3网站设计基础教程[M]．北京：人民邮电出版社，2016．

[2] FELKE-MORRIS T．HTML 5与CSS3从入门到精通[M]．3版．周婧，译．北京：清华大学出版社，2017．

[3] 刘春茂．HTML 5+CSS3+JavaScript网页设计案例课堂[M]．2版．北京：清华大学出版社，2018．

[4] 常新峰，王金柱．HTML 5+CSS3+JavaScript网页设计实战[M]．北京：清华大学出版社，2018．

[5] 李刚．疯狂前端开发讲义——jQuery+AngularJS+Bootstrap前端开发实战[M]．北京：电子工业出版社，2017．

[6] 黑马程序员．响应式Web开发项目教程（HTML 5+CSS3+Bootstrap）[M]．北京：人民邮电出版社，2017．

[7] 明日科技．HTML 5从入门到精通[M]．2版．北京：清华大学出版社，2017．